"基于系统能力培养的计算机专业课程建设研究"项目规划教材

MOS
操作系统
实验教程

MOS Operating System
Experiment Tutorial

王雷 沃天宇 孙海龙 姜博
牛虹婷 原仓周 王良　　编著

中国教育出版传媒集团
高等教育出版社·北京

内容提要

　　本书由 6 个操作系统实验——"内核、启动与 printk""内存管理""进程与异常""系统调用与 fork""文件系统""管道与 Shell"以及一个 Linux 基础训练实验——"初始操作系统"组成。操作系统实验集成环境包括虚拟机、Git 版本管理工具、自动评测工具和过程信息收集分析工具等,支持管理整个实验过程,包括初始代码的发布、代码编写、调试运行、学生代码的提交、编译测试以及评分结果的反馈。

　　本书可作为高等学校计算机科学与技术、软件工程等专业操作系统课程的教学参考书,也可供相关专业技术人员参考阅读。

图书在版编目(ＣＩＰ)数据

　　MOS 操作系统实验教程 / 王雷等编著. -- 北京: 高等教育出版社, 2023.11

　　ISBN 978-7-04-060388-0

　　Ⅰ.①M…　Ⅱ.①王…　Ⅲ.①操作系统 -高等学校-教材　Ⅳ.①TP316

　　中国国家版本馆 CIP 数据核字(2023)第 066873 号

MOS 操作系统实验教程
MOS Caozuo Xitong Shiyan Jiaocheng

策划编辑　张海波	责任编辑　张海波	封面设计　张申申	版式设计　杨　树
责任绘图　马天驰	责任校对　胡美萍	责任印制　沈心怡	

出版发行	高等教育出版社	网　　址	http://www.hep.edu.cn
社　　址	北京市西城区德外大街 4 号		http://www.hep.com.cn
邮政编码	100120	网上订购	http://www.hepmall.com.cn
印　　刷	辽宁虎驰科技传媒有限公司		http://www.hepmall.com
开　　本	787mm × 1092mm　1/16		http://www.hepmall.cn
印　　张	15		
字　　数	280 千字	版　　次	2023 年 11 月第 1 版
购书热线	010-58581118	印　　次	2023 年 11 月第 1 次印刷
咨询电话	400-810-0598	定　　价	35.00 元

本书配套的数字资源使用方法如下：

1. 访问 http://abook.hep.com.cn/1878013，或手机扫描二维码、下载并安装 Abook 应用。

2. 注册并登录，进入"我的课程"。

3. 输入教材封底防伪标签上的数字课程账号（20 位密码，刮开涂层可见），或通过 Abook 应用扫描封底数字课程账号二维码，完成课程绑定。

4. 单击"进入课程"按钮，开始本数字课程的学习。

课程绑定后一年为数字课程使用有效期。受硬件限制，部分内容无法在手机端显示，请按提示通过计算机访问学习。

如有使用问题，请发邮件至 abook@hep.com.cn。

序

从技术的角度看，现代计算机工程呈现出系统整体规模日趋庞大、子系统数量日趋增长且交联关系日趋复杂等特征。这就要求计算机工程技术人员必须从系统的高度多维度地研究与构思，综合运用多种知识进行工程实施，并在此过程中反复迭代以寻求理想的系统平衡性。对这样高素质计算机专业人才的培养，是当前我国高校计算机类专业教育的重要目标。

经过多年建设，我国计算机专业课程体系完善、课程内容成熟，但在高素质计算机专业人才的培养方面还存在一些普遍性问题。

（1）突出了课程个体的完整性，却缺乏课程之间的融通性。每门课程教材都是一个独立的知识体，强调完整性，相关知识几乎面面俱到，忽略了前序课程已经讲授的知识以及课程之间知识的相关性。前后课程知识不能有效地整合与衔接，学生难以系统地理解课程知识体系。

（2）突出了原理性知识学习，却缺乏工程性实现方法。课程教学往往突出原理性知识的传授，注重是什么、有什么，却缺乏一套有效的工程性构建方法，学生难以实现具有一定规模的实验。

（3）突出了分析式教学，却缺乏综合式教学。分析式教学方法有利于学习以往经验，却难以培养学生的创新能力，国内高校计算机专业大多是分析式教学。从系统论观点看，分析式方法是对给定系统结构，分析输入输出关系；综合式方法是对给定的输入输出关系，综合出满足关系的系统结构。对于分析式教学方法来说，虽然学生理解了系统原理，但是仍然难以重新构造系统结构。只有通过综合式教学方法，才能使得学生具有重新构造系统结构的能力。

在此背景下，教育部高等学校计算机类专业教学指导委员会提出了系统能力培养的研究课题。这里所说的"系统能力"，是指能理解计算机系统的整体性、关联性、动态性和开放性，掌握硬软件协同工作及相互作用机制，并综合运用多种知识与技术完成系统开发的能力。以系统能力培养为目标的教学改革，是指将本科生自主设计"一台功能计算机、一个核心操作系统、一个编译系统"确立为教学目标,并据此重构计算机类课程群,即注重离散数学的基础,突出"数字逻辑""计算机组成""操作系统""编译原理"4 门课程群的融合,形成边界清晰且有序衔接的课群知识体系。在教学实验上,强调按工业标准、工程规模、工程方法以及工具环境设计与开发系统,提高学生设计开发复杂工程问题解决方案的系统能力。

在课题研究的基础上,计算机类教学指导委员会研制了《高等学校计算机类专业系统能力培养课程实施方案》(以下简称《课程实施方案》)。其总体思路是:通过对系统能力培养的课程体系教学工作凝练总结,明确系统能力培养目标,展现各学校已有的实践和探索经验;更重要的是总结出一般性方法,推动更多高校开展计算机类专业课程改革。国内部分高校通过长期的系统能力培养教学改革探索与实践,不仅提高了学生的系统能力,同时还总结出由顶层教学目标驱动"课程群为中心"的课程体系建设模式,为计算机专业教学改革提供了有益参考。这些探索与实践成果,也为计算机类专业工程教育认证中的复杂工程问题凝练,以及解决复杂工程问题能力提供了很好的示范。

高水平的教材是一流专业教育质量的重要保证。在总结系统能力培养教学改革探索与实践经验的基础上,国内部分高校也组织了计算机专业教材编写。高等教育出版社为《课程实施方案》的研制以及出版这批具有创新实践性的系列教材提供了支持。这些教材以强化基础、突出实践、注重创新为原则,体现了计算机专业课程体系的整体性与融通性特点,突出了教学分析方法与综合方法的结合,以及系统能力培养教学改革的新成果。相信这些教材的出版,能够对我国高校计算机专业课程改革与建设起到积极的推动作用,对计算机专业工程教育认证实践起到很好的支撑作用。

教育部高等学校计算机类专业教学指导委员会秘书长

马殿富

2016 年 7 月

操作系统是计算机系统的一个重要系统软件，也是计算机专业教学的重要内容。操作系统课程概念众多、内容抽象，不仅要讲授操作系统的原理，还要通过实验加深学生对操作系统的理解。实验对操作系统课程的学习至关重要，掌握操作系统原理的最好途径就是自己开发一个操作系统。

作者团队从 1999 年开始就在寻找一个好的操作系统实验，曾经尝试过 Minix、Nachos、Linux、WRK 等很多实验环境，其中还得到了微软亚洲研究院、SUN 中国研究院的帮助，但是一直未能找到合适的实验环境。

2009 年北京航空航天大学计算机学院进行教学改革，将操作系统与计算机组成等系统能力培养核心课程进行课程体系一体化设计。为了与计算机组成原理等课程保持一致，我们选择了 MIPS R3000 处理器移植麻省理工学院的 JOS，并重新设计了操作系统实验。其目标是让学生在一学期内，以 MIPS 为基础，从实现最基本的硬件管理功能开始，逐步扩充，最后完成一个完整操作系统的开发。作者团队根据操作系统原理课讲授的进程管理、内存管理、设备管理和文件系统 4 个基本功能，设计了 6 个操作系统实验，包括"内核、启动与 printk""内存管理""进程与异常""系统调用与 fork""文件系统"和"管道与 Shell"6 个部分。后来发现有些学生对 Linux 系统不熟悉，又增加了一个 Linux 基础训练实验——"初始操作系统"。为了降低学生学习操作系统的难度，采用了微内核结构和增量式设计原则，遵循工业界标准，设计了增量式实验体系，包括 6303 行 C 程序、425 行汇编程序、25 个 POSIX 系统调用。

作者团队开发了操作系统实验集成环境，支持管理整个实验过程，包括初始代码的发布、代码编写、调试运行、学生代码的提交、编译测试以及评分结果的反馈。MOS 操作系统实验集成环境包括虚拟机、Git 版本管理工具、自动评测工具和过程信息收集分析工具。该实验环境支持学生"随时随地"开展实验，并自动获得评测结果。目前所有实验内容和实验环境代码已开源，有兴趣的读者可以联系作者，请发邮件至 wanglei@buaa.edu.cn。

    MOS 操作系统实验集成环境的开发得到了北京航空航天大学计算机学院 STAR 助教计划的支持以及很多学生的付出，在此一并表示感谢。

    限于水平和时间，教材中难免存在疏漏，希望读者指正。

作者

2023 年 1 月

目　录

引 言

　　操作系统是计算机系统中软件与硬件联系的纽带。操作系统课程内容丰富,既包含操作系统的基础理论,又涉及实际操作系统的设计与实现。操作系统实验设计是操作系统课程实践环节的集中体现,旨在巩固学生所学的概念和原理,同时培养学生的工程实践能力。一些国内外著名大学都非常重视操作系统的实验设计,例如麻省理工学院的弗兰斯·卡舒克(Frans Kaashoek)等设计的 JOS 和 xv6 教学操作系统、哈佛大学的戴维·A. 霍兰(David A. Holland)等设计的 OS161 操作系统均是用于实验教学的操作系统。

　　我们尝试了 Minix、Nachos、Linux、Windows 等操作系统实验,发现以 Linux 和 Windows 为基础的实验,由于系统规模庞大,很难让学生构建完整的操作系统概念,导致专业知识碎片化,不符合系统能力培养目标。此外,操作系统课程内容不仅涉及很多硬件相关知识,还包含并发程序设计等比较难理解的概念,因此学生的学习曲线很陡峭,如何让学生由浅入深、平滑地掌握这些知识是实验设计的难点。本书设计的操作系统实验的基本目标是:在一学期内设计、实现一个可在实际硬件平台上运行的小型操作系统,该系统具备现代操作系统特征(如虚存管理、多进程等),符合工业标准。

　　基于系统能力培养的理念和目标,我们希望构建由计算机组成原理、操作系统和编译原理等课程构成的一体化实验体系,因而本书采用计算机组成原理课程中的 MIPS 指令系统(MIPS R3000)作为硬件基础,并参考 JOS 的设计思路、方法和源代码,实现一个可以在 MIPS 平台上运行的小型操作系统,包括操作系统启动、物理内存管理、虚拟内存管理、进程管理、中断处理、系统调用、文件系统、Shell 等操作系统的主要功能。为了降低学习和实现难度,采用增量式实验设计思想,每个实验包含的内核代码量(C、汇编、注释)为几百行,同时提供代码框架和代码示例。每个实验均可以独立运行和评测,但是后面的实验依赖前面的实验,学生实现的代码从 Lab1 贯穿到 Lab6,最后实现一个完整的小型操作系统。

0.1 实验内容

本书设计了一个 Linux 基本训练实验和 6 个实验（Lab1~Lab6），目标是使学生在一学期内自主开发一个小型操作系统。各个实验之间的相互关系如图 0.1 所示，具体说明如下。

Lab0：即第 1 章初识操作系统，之所以设计这样一个实验基础知识部分，主要是考虑有些学生对 Linux 系统、GCC 编译器、Makefile 和 Git 等工具不熟悉。本实验主要介绍 Linux、Makefile、Git、Vim 和仿真器的使用以及基本的 Shell 编程等，为后续实验的顺利实施打好基础。

Lab1：即第 2 章内核、启动与 printk，要求掌握硬件的启动过程，理解链接地址、加载地址和重定位的概念，学习如何编写裸机代码。

Lab2：即第 3 章内存管理，要求理解虚拟内存和物理内存的管理，实现操作系统对虚拟内存空间的管理。

Lab3：即第 4 章进程与异常，要求通过设置进程控制块，以及编写进程创建、进程中止和进程调度程序，实现进程管理；编写通用中断分派程序和时钟中断例程，实现中断管理。

Lab4：即第 5 章系统调用与 fork，要求掌握系统调用的实现方法，理解系统调用的处理流程，实现本实验所需的系统调用。

Lab5：即第 6 章文件系统，要求通过实现一个简单的、基于磁盘的、微内核方式的文件系统，掌握文件系统的实现方法和层次结构。

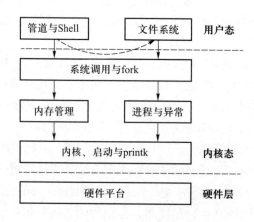

图 0.1 实验内容的关系

Lab6：即第 7 章管道与 Shell，实现具有管道、重定向功能的命令解释程序 Shell，能够执行一些简单的命令。最后将 6 部分链接起来，构成一个能够运行的操作系统。

0.2 实验设计

由于开发一个实际的操作系统难度大、工作量繁重，为了保证教学效果，在核心能力部分采用微内核结构和增量式设计的原则，使学生可以从最基本的硬件管理功能开始逐步扩充，最后实现一个完整操作系统的开发。实验内容的设计满足以下条件。

（1）每个实验均可独立运行与测试，便于调试与评测，可获得阶段性成果。

（2）每个实验的内容均包含相对独立的知识点，并只依赖其前序实验。

（3）基本保证在两周内完成一个实验，这样在一学期内可以完成整个实验。

（4）在整个实验过程中，可以对各个实验提交的代码不断改进和完善。

增量式设计方法如图 0.2 所示，对每个实验而言，浅灰色部分是需要增加的模块，深灰色部分是需要修改和完善的模块，白色部分是不用修改的模块。在增量式设计下，学生可以从基本的功能出发，逐步完善整个系统，降低了学习操作系统的难度。

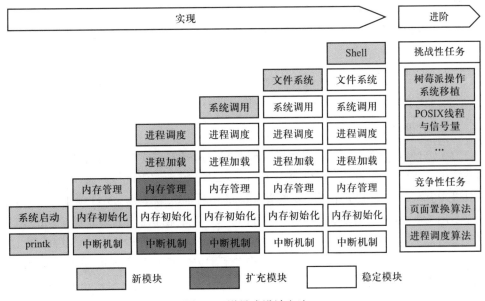

图 0.2 增量式设计方法

为了适应不同读者的学习要求，本书实验采用分层的方式，从基础到复杂逐步实现实验的基本目标。因此，可将实验基本目标分为以下三个层次。

- 第一个层次，掌握基本的系统使用与编程能力：包括 Linux、Makefile、Git、Vim 和仿真器的使用，基本的 Shell 编程。

- 第二个层次，掌握操作系统核心能力：包括 6 个实验，从操作系统内核构造、内存管理、进程管理、系统调用到文件系统和命令解释程序，构成一个完整的小型操作系统。

- 第三个层次，培养操作系统高阶能力：主要包括挑战性任务和竞争性任务，挑战性任务是让学生独立在某一方面实现若干新的系统功能，竞争性任务是让学生对已有算法进行优化，在性能上不断完善。

0.3 实验环境

一次实验的基本流程包括初始代码发布、代码编写、调试运行、代码提交、编译测试以及评分结果的反馈。为了方便教学，我们设计了操作系统实验集成环境，采用 Git 进行版本管理，保证学生之间的代码互不可见，而教师和助教可以方便地查看每位学生的代码。MOS 操作系统实验环境的结构如图 0.3 所示。为了满足实验需求，将整个系统分为以下几个部分。

（1）虚拟机平台：包含实验需要的开发环境，例如 Linux 环境、交叉编译器、MIPS 仿真器等。

（2）Git 服务器：用于管理学生各个实验的代码以及相关信息。

（3）自动评测：这部分集成在 Git 服务器中，后面会详细介绍。

1. 虚拟机平台

为了方便收集学习过程中的数据，同时尽量降低对学生端设备的要求，我们提供虚拟机作为实验后端，虚拟机使用 Linux 系统，方便部署环境，整个实验过程在虚拟机中完成。在虚拟机中，需要部署相应的仿真器、编译器、文件编辑器等环境。推荐使用 GXemul 作为仿真器，MIPS 的 GCC 交叉编译器作为编译器，Vim 作为文件编辑器。这些工具已经部署在虚拟机环境中，避免了软件版本的冲突问题，方便自动评测系统的部署与实施，同时也节省了配置实验环境的时间。每位学生在虚拟机中拥有一个普通权限的 Linux 账号，学生只需要一个 SSH（secure shell，安全外壳）客户端，就可以登录实验系统，完成实验。

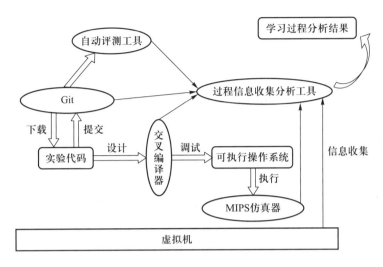

图 0.3　操作系统实验集成环境的结构

2. Git 服务器

为了保证学生代码安全，同时提供方便的代码版本管理工具，本书实验提供一个 Git 服务器，每位学生在虚拟机中完成代码的编写，同时将代码托管在 Git 服务器中，以避免发生意外情况导致损失。另外，实验发布及测试结果反馈均通过 Git 服务器完成。在 Git 服务器中，每位学生都拥有一个独立的代码库，对于每位学生来说，只有自己的代码库是可见的，并且可以随时下载和提交自己代码库中的代码。同时，所有学生的代码库对于助教和教师是可见的，他们可以下载学生代码。允许学生在服务器中自行建立分支，进行版本管理，但是 Lab$x$（x=0，$\cdots$，6）这 7 个分支为系统默认分支，这些分支分别代表相关实验的最终结果，系统只会评测这些分支中的代码。

3. 自动评测

由于学生人数众多，对学生实验代码的评测是一个繁复、机械化的过程，助教和教师手动评测非常困难。自动评测系统能对学生提交的代码自动给出相应的评分。学生执行代码提交后会触发评测系统。评测系统获取学生编写的最新代码，依次完成编译、运行和测试，最终给出评测结果。最后，通过 Git 服务器将结果反馈给学生。如果学生通过了评测，则直接发布下一次实验的内容，让有能力的学生尽可能多地完成实验内容。

第 1 章　初识操作系统

本章相关实验任务在 MOS 操作系统实验中简记为 Lab0。

1.1　实验目的

1. 认识操作系统实验环境。
2. 掌握操作系统实验所需基本工具的使用方法。

在本实验中，需要了解实验环境，熟悉 Linux 操作系统（Ubuntu），了解控制终端，掌握一些常用工具的使用方法并能够脱离可视化界面进行工作。本实验难度不大，重点是熟悉操作系统实验环境中的各类工具，为后续实验的开展奠定基础。

1.2　初识实验

"工欲善其事，必先利其器"，只有对实验环境及基本工具有足够的了解，才能顺利开展实验工作。

1.2.1　了解实验环境

实验环境整体配置如下：
- 操作系统：Linux 内核，Ubuntu 操作系统；
- 硬件模拟器：GXemul；
- 编译器：GCC；
- 版本控制：Git。

Ubuntu 操作系统是一款开源的 GNU/Linux 操作系统，它基于 Linux 内核实现，是目前较为流行的 Linux 发行版之一。GNU（GNU is Not UNIX 的递归缩写）是一套开源计划，其中包含了三个协议条款，为用户提供了大量的开源软件；而人们常说的 Linux,从严格意义上说是指 Linux 内核,基于该内核的操作系统众多,它们具有免费、可靠、安全、稳定、多平台等特点。

GXemul 是一款计算机架构仿真器,可以模拟所需硬件环境,例如本实验所需要的 MIPS 架构下的 CPU。

GCC 是一套免费、开源的编译器,诞生并服务于 GNU 计划,最初名称为 GNU C Compiler,后来因支持更多编程语言而改名为 GNU Compiler Collection,很多集成开发环境(integrated development environment,IDE)的编译器用的就是 GCC 套件,例如 Dev-C++、Code::Blocks 等。本实验将使用基于 MIPS 的 GCC 交叉编译器。

Git 是一款免费、开源的版本控制系统,本书实验将利用它来提供管理、发布、提交、评测等功能。

1.2.2 远程访问实验环境

在简单了解实验环境之后,下面介绍 MOS 操作系统实验集成环境。

本书实验完全依赖远程的多台虚拟机,最终成果也需要进行远程提交,所以几乎不用在个人计算机上配置实验环境,有一个能够支持 SSH 协议的远程连接工具即可。SSH 协议的远程连接工具主要有两种连接虚拟机的方式,一种是使用本机的 SSH 工具进行连接,另一种是通过浏览器直接访问实验环境。由于使用本机的 SSH 工具进行连接是连接虚拟机和服务器的常用方式,通过浏览器直接访问的连接方式原理也相同,因此本实验主要介绍使用本机 SSH 工具进行连接的方法。

一般 Liunx 或 MacOS 等类 UNIX 操作系统都会附带 SSH 客户端,即可直接在终端上使用 SSH 命令。而 Windows 一般不自带 SSH 客户端,需要下载第三方软件,建议下载使用一款轻量级的开源软件——PuTTY,当然也有很多功能强大的工具,了解 Git for Windows 或对 Windows 10 有研究的学生也可使用 Git Bash 以及适用于 Windows 10 的 Linux 子系统。

下载、安装 PuTTY,启动后其配置界面如图 1.1 所示。在 Host Name(or IP address)文本框中填入 username@ip,其中 username 是学生的学号,ip 就是需要登录的虚拟机的 IP 地址,之后单击 Open 按钮。

在成功登录后,初始密码即为学生的学号,建议登录后立即使用 passwd 命令修改密码。

如果使用 MacOS 终端或 Linux 系统终端,只需输入 ssh username@ip 命令,之后的操作与 PuTTY 类似。

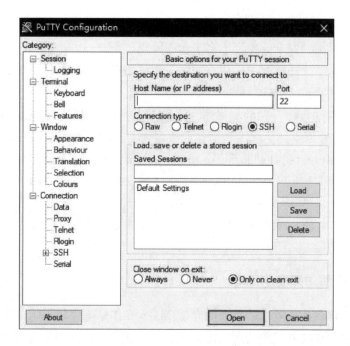

图 1.1　PuTTY 配置界面

注意 1.1

　　SSH（secure shell）即安全外壳，是一种用于建立安全远程连接的网络协议，广泛应用于类 UNIX 系统中。除了连接远程网络外，目前 SSH 还有一种较为有趣的用法。若想在一台计算机上同时安装 Windows 和 UNIX 系统，可以利用 Windows 8 及以上版本自带的 Hyper-V 开启一个 Linux 虚拟机（不必开启图形界面）。之后通过 SSH 客户端连接到本机上的 Linux 虚拟机，即可获得一个 UNIX 环境。甚至可以开启 X11 转发功能，即可在 Windows 上开启一些 Linux 上带图形界面的程序，十分方便。

　　为了方便访问，本实验提供通过浏览器直接访问实验环境的方法，不需要手动进行复杂的配置，输入相关网址后可进入与前面介绍的相同的界面。

1.2.3　命令行界面（CLI）

　　对于目前主流的操作系统，如 Windows、MacOS、Ubuntu 等均使用图形用户界面（graphical user interface，GUI），但是在操作系统课程中，需要了解命令行界面（command line Interface，CLI）。其原因有三，一是培养学生在非图形用户界面环境下的工作能力；二是实验任务通过命令行终端全部可以实现；三是减轻虚拟机的压力，实现虚拟机共享。

其实，前面关于"操作系统"的描述并不严谨，用户常接触的并不是真正的"Ubuntu 操作系统"，而是它的"壳"（shell）。一般将操作系统的核心部分称为内核（kernel），与其相对的是它最外层的"壳"，即命令解释程序 Shell，这是访问操作系统服务的用户界面。操作系统"壳"有命令行界面（CLI）或图形用户界面（GUI）两种形式。命令行界面是纯文本界面，用于接收、解释、执行用户输入的命令，完成相应的功能。

在 Ubuntu 中，命令行界面默认使用的是 Bash，它也是一款基于 GNU 的免费、开源软件。

1.3 基础操作介绍

1.3.1 命令行

在命令行界面中，用户在客户端以单条或连续命令行（command line）的形式发出命令，从而实现与计算机程序交互的目的。在 Linux 系统中，命令用于对 Linux 系统进行管理，其一般格式为：

命令名 [选项] [参数]

其中，方括号表示可选，意为可根据需要选用，例如 ls -a directory。

对于 Linux 系统来说，无论是中央处理器、内存、磁盘驱动器、键盘、鼠标，还是用户等都是文件，Linux 系统的管理命令是其正常运行的核心，与 Windows 的命令提示符（CMD）命令类似。Linux 命令在系统中有两种类型：内置 Shell 命令和 Linux 命令。

下面介绍 Linux 的基本操作命令，熟悉此部分内容的读者可跳过此节。

1.3.2 Linux 基本操作命令

通过 SSH 连接服务器，打开 Linux 命令行界面后，会看到光标前的如下内容：

16xxxxxx_2018_jac@ubuntu：~ $

root@ubuntu：~ #

其中，@ 符号前的内容是用户名，@ 符号后的内容是计算机名，冒号后的内容为当前目录（/表示根目录，~ 表示家目录，家目录即 /home/<user_name>），最

后 $ 或 # 分别表示当前用户为普通用户或超级用户 root。通过键盘输入命令，按回车键后即可执行相应的命令。

要想知道当前目录中包含哪些文件，可使用 ls 命令，其输出的信息可以用彩色加亮显示，以区分不同类型的文件，ls 是使用率较高的命令，其语法格式如下：

ls [选项] [文件]

常用选项说明如下。

-a：不隐藏任何以. 开始的项目。

-l：每行只列出一个文件。

一般情况下，该命令的参数省略，即默认显示该目录下的所有文件，所以只需使用 ls 即可看到所有非隐藏文件，若要查看隐藏文件则需要加上 -a 选项，若要查看文件的详细信息则需要加上 -l 选项。

ls 命令常用形式是 ls、ls -a 和 ls -l。现在尝试在命令行界面中输入 ls，按回车键后会出现一个以学号命名的目录，这就是学生进行实验的目录。

如果想尝试创建一个新的文件，可以用 touch 命令。touch 命令语法格式如下：

touch [选项][文件名]

输入 touch helloworld.c，即可在当前目录下成功创建一个新的文件，再输入 ls，就可看到 helloworld.c 文件了，可以用 ls -a 和 ls -l 命令进行操作。关于如何编辑 helloworld.c 文件，将在下一节介绍 Vim 工具时展开。

为了通过目录对文件进行组织和管理，可以使用 mkdir 命令创建文件目录（即 Windows 系统中的文件夹），该命令的参数为创建的新目录的名称，如 mkdir newdir 可创建一个名为 newdir 的目录。mkdir 命令语法格式如下：

mkdir [选项] 目录

现在输入 mkdir newdir 就在当前目录下创建了一个名为 newdir 的目录，可以再使用 ls 命令查看是否新增了 newdir 目录。然后使用 cd 命令进入 newdir 目录。cd 命令语法格式如下：

cd [选项] 目录

在命令行界面中输入 cd newdir 命令，进入 newdir 目录。为了返回上一级目录，可以使用.. 命令。在 Linux 系统里.. 表示上一级目录，. 表示当前目录，因此在输入 cd .. 后，返回上一级目录，输入 cd . 后进入当前目录。

查看 cd 目录时，命令行发生了一些变化，命令行中 > 的左边，从～ 变成了～/newdir，这个字符串是指当前目录，～ 表示所登录用户的目录，输入 pwd 可查看当前的绝对路径。同时 cd 命令也可直接使用绝对路径，如使用 cd /home 跳转到根目录下 home 这个目录。

注意 1.2

在需要输入文件名或目录名时，可以使用 Tab 键补全名称。当有多种补全方式时，双击 Tab 键可以显示所有可能的选项。在屏幕上输入 cd /h 然后按 Tab 键，就会自动补全为 cd /home，如果输入 cd /后按两次 Tab 键，会看到所有可选项，和 ls 类似。

输入 rmdir 可以删除一个空的目录。rmdir 命令语法格式如下：

rmdir [选项] 目录

如果目录非空，则需使用 rm 命令执行删除操作。rm 命令可以删除一个目录中的一个或多个文件或目录，也可以将某个目录及其下属的所有文件及其子目录均删除掉。对于链接文件，只是删除整个链接文件，而原有文件保持不变。rm 命令语法格式如下：

rm [选项] 文件

常用选项说明如下。

-r：递归删除目录及其内容，如果不加此选项，删除一个有内容的目录时会提示不能删除。

-f：强制删除，即使删除不存在的文件，系统也不会给出提示确认信息。

-i：这个选项在使用文件扩展名字符删除多个文件时特别有用。使用这个选项，系统会逐一确认是否删除。这时必须输入 Y 并按回车键，才能删除文件。如果仅按回车键或其他字符，文件不会被删除。

-f：其作用是强制删除文件或目录，并不询问用户。使用该选项并配合 -r 选项，可实现递归强制删除，强制将指定目录下的所有文件与子目录一并删除，这很可能导致灾难性后果。例如 rm -rf /可强制递归删除全盘文件，绝对不要轻易尝试。

注意 1.3

使用 rm 命令要格外小心，因为一旦删除了一个文件，就无法再恢复了。所以，在删除文件之前，最好再查看文件内容，确认是否真要删除。很多优秀的程序员会在目录下创建一个类似回收站的目录，如果要使用 rm 命令，就先把要删除的文件移到这个目录里，然后再执行 rm 命令，再定期对回收站里的文件进行删除。

了解以上注意事项后，再来尝试使用 rm 命令。读者先回到~ 目录下，假设要删除开始创建的 helloworld.c，先在该目录下创建一个回收站目录 trashbin，然后把 helloworld.c 复制到这个目录中，这里需要使用 cp 命令，该命令的第一个参数为源文件路径，第二个参数为目标文件路径。cp 命令语法格式如下：

cp [选项] 源文件 目录

常用选项说明如下。

-r：递归复制目录及其子目录下的所有内容。

这时输入 cp helloworld.c ./trashbin/就能够将 helloworld.c 移到回收站里了，输入 rm helloworld.c 可删除 helloworld.c，使用 ls 命令可查看是否成功删除。

复制和删除本质上都是移动，Linux 当然也有移动命令。移动命令为 mv，它与 cp 的操作相似。mv 命令语法格式如下：

mv [选项] 源文件 目录

命令 mv helloworld.c ./trashbin/就是将 helloworld.c 移动到 trashbin 这个目录。同时，mv 还有一种更有趣的用法，将当前目录中的 file 文件移动至上一层目录中且重命名为 file_mv，命令为 mv file ../file_mv。因此可以看出，在 Linux 系统中若想对文件进行重命名操作，使用 mv oldname newname 命令即可。

最后介绍回显命令 echo，如果输入 echo helloworld，就会回显 helloworld，这个命令看起来像一个复读机，本书后面会介绍一些它的有趣用法。

以上就是 Linux 系统中部分常用操作命令以及这些命令的常用选项，如果要查看这些命令的其他功能选项或者新命令的详细说明，可使用 Linux 的帮助命令——man 命令，通过 man 命令可以查看 Linux 中的命令、配置文件和编程等帮助信息。man 命令语法格式如下：

man page

以下为 Linux 系统中常用的快捷键：

- Ctrl+C：终止当前程序的执行
- Ctrl+Z：挂起当前程序
- Ctrl+D：终止输入（若正在使用 Shell，则退出当前 Shell）
- Ctrl+L：清屏

其中，如果发现进入了一个死循环，或者程序执行到一半希望停止执行，则可使用 Ctrl+C。Ctrl+Z 挂起程序后会显示该程序挂起编号，若要恢复该程序可以使用命令 fg [job_spec]，job_spec 即为挂起编号，不输入挂起编号时默认为恢复最近被挂起的进程。如果程序停止运行的判断条件是文件结束标志（end of file，EOF），则需要输入 Ctrl+D 作为 EOF。

对其他内容感兴趣的读者可以自行查找或用 man 命令查看帮助手册进行学习和了解。以上述内容为基础，接下来讲解如何在 Linux 中编写代码。

注意 1.4

在多数 Shell 中，四个方向键也有各自特定的功能：← 和 → 可以控制光标的位置，↑ 和 ↓ 可以切换最近使用过的命令。

1.4 实用工具介绍

上节介绍了 Linux 的基本操作命令，想要使用 Linux 系统完成工作，仅靠命令行还远远不够。在开始动手阅读并修改代码之前，还需要掌握一些实用工具的使用方法。这里介绍一种常用的文本编辑器：Vim。

1.4.1 Vim

Vim 被誉为编辑器之神，是为程序员设计的编辑器，编辑效率高，十分适合编辑代码。对于习惯使用图形化界面文本编辑软件的读者来说，刚接触 Vim 时一定会觉得非常不习惯、不顺手，下面通过创建一个 helloworld.c 来介绍 Vim 的基本操作，其步骤如下。

（1）创建文件。执行 touch 命令创建 helloworld.c 文件（这时，使用 ls 命令可以发现已经在当前目录下创建了 helloworld.c 文件）。

（2）打开文件。在命令行界面中输入 vim helloworld.c，打开新建的文件。

（3）输入内容。刚打开文件时，无法直接输入代码，需要输入"i"进入插入模式，之后便可以输入 helloworld 程序代码了，如图 1.2 所示。

图 1.2　输入 helloworld.c 程序代码

（4）保存并回到命令行界面。完成文件修改后，按 Esc 键回到命令模式，再输入"："进入底线命令模式，此时可以看到屏幕的左下角出现了一个冒号，输入"w"并按回车键，保存文件完成；再次进入底线命令模式，输入"q"便可以关闭文件，回到命令行界面。保存和退出也可以用一条命令完成，即"：wq"，如图 1.3 所示。

图 1.3　保存并退出

接着简单介绍对 Vim 进行一些自定义配置的方法。首先按如下方法打开（如果原本没有则是新建）~/.vimrc 文件：

vim ~/.vimrc

在这个文件中写入如下内容：

set tabstop=4

保存并退出文件后，便完成了对 Vim 的配置（上述配置能够设置制表符宽度为 4 个空格）。关于 Vim 参数配置的更多详细内容，读者可自行上网查询。图 1.4 给出了命令模式下 Vim 的常用基本操作。

图 1.4　Vim 界面及常用基本操作

1.4.2　GCC

在没有 IDE 的情况下，使用 GCC 编译器是一种简单、快捷生成可执行文件的途径，只需一行命令即可将 C 源文件编译成可执行文件。其常用的使用方法如下：

gcc [选项] [参数]

常用选项说明如下。

-o：指定生成的输出文件。

-S：将 C 代码转换为汇编代码。

-Wall：显示最多警告信息。

-c：仅执行编译操作，不进行链接操作。

-M：列出依赖。

-include filename：编译时用来包含头文件，功能相当于在代码中使用 #include <filename>。

-Ipath：编译时指定头文件目录，使用标准库时不需要指定目录，-I 参数可以用相对路径，比如头文件在当前目录，可以用-I. 来指定。

gcc 命令中的 "参数" 可以是 C 源文件。

如果想要同时编译多个文件，可以直接用 -o 选项将多个文件进行编译链接：gcc testfun.c test.c -o test；也可以先使用 -c 选项将每个文件单独编译成.o 文件，再用 -o 选项将多个.o 文件进行链接：gcc -c testfun.c && gcc -c test.c && gcc testfun.o test.o -o test；两者等价。

下面给出两个 gcc 命令实例。

```
$ gcc test.c
# 默认生成名为 a.out 的可执行文件
#Windows 平台为 a.exe


$ gcc test.c -o test
# 使用-o 选项生成名为 test 的可执行文件
#Windows 平台为 test.exe
```

下面通过编译之前完成的 helloworld.c 来熟悉 GCC 最基本的使用方法。

（1）在命令行界面中，使用 gcc helloworld.c -o helloworld 命令，便可以创建由 helloworld.c 文件编译成的 helloworld 可执行文件（使用 ls 可以看到目录内出现了 helloworld 可执行文件）。

（2）在命令行界面中输入./helloworld，运行可执行文件，观察其运行结果，如图 1.5 所示。

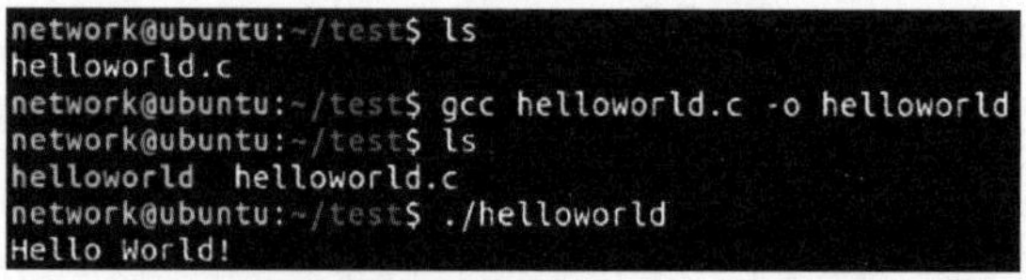

图 1.5　GCC 编译可执行文件并运行

1.4.3　Makefile

如果想了解操作系统这样的大型软件，就会面临一个很大的问题：这些代码应当从哪里开始阅读？答案是 make 和 Makefile。make 是什么，Makefile 又是什么呢？make 是一个命令工具，一般用于维护软件开发的工程项目，它可以根据时间戳自动判断项目中哪些部分需要重新编译，每次只重新编译必要的部分即可。make工具会读取 Makefile 文件，并根据 Makefile 的内容来执行相应的编译操作。

相较于 VC 工程而言，Makefile 具有更高的灵活性（当然，高灵活性的代价就是学习成本会有所上升，这是必然的），可以方便地管理大型项目。而且理论上 Makefile 支持任何语言，只要其编译器能通过 Shell 命令来调用即可。如果一个项目使用了多种语言，且有复杂的构建流程，Makefile 便能充分展现其优势。为了更清晰地介绍 Makefile 的基本概念，下面通过编制一个简单的 Makefile 来说明。假设需要编译一个 helloworld 程序。如果没有 Makefile，则需动手编译这个程序，执行以下命令：

```
# 直接使用 gcc 编译 helloworld 程序
$ gcc -o helloworld helloworld.c
```

如果想把它写成 Makefile，该如何操作呢？Makefile 最基本的格式如下：

```
目标：依赖
        命令 1
        命令 2
        …
        命令 n
```

其中，构建的"目标"可以是目标文件、可执行文件，也可以是一个标签；而"依赖"是构建该目标所需的其他文件或其他目标，之后是构建该目标所需执行的命令。有一点尤其需要注意，每一个命令之前必须用一个制表符（Tab 键）来控制间隔。这里必须使用制表符 Tab 而不能是空格，否则 make 会报错。

可以通过在 Makefile 中书写显式规则来告诉 make 工具文件间的依赖关系。如果想要构建"目标"，那么要先准备好其"依赖"，接着依次执行各"命令"，最终完成目标的构建。编写完恰当的规则之后在 Shell 中输入"make 目标名"，即可执行相应的命令，生成相应的目标。

前面提到，make 工具根据时间戳来判断是否需要编译，只有当依赖文件中存在文件的修改时间比目标文件的修改时间晚时（也就是对依赖文件做了改动），才会执行 Shell 命令，编译生成新的目标文件。

　　简单的 Makefile 文件内容如下，之后执行 make all 或是 make 命令，即可产生 helloworld 可执行文件。

all：helloworld.c

gcc -o helloworld helloworld.c

　　下面尝试编写一个简单的 Makefile 文件。

　　（1）在命令行界面中，创建名为 Makefile 的文件，使用 Vim 打开它，写入文件内容如图 1.6 所示。

图 1.6　写入 Makefile 文件中的内容

　　其中，前两行定义了编译 helloworld.c 的命令（第一行 all 为"目标"，helloworld.c 为"依赖"，第二行为编译 helloworld 程序的命令）；clean 下面的部分为删除可执行文件的命令。

　　（2）保存并回到命令行界面后，输入 make clean，执行 Makefile 文件中的 rm helloworld 命令，删除之前编译生成的可执行文件；接着，输入 make all，执行 Makefile 文件中的 gcc helloworld.c -o helloworld 命令，编译形成可执行文件。过程如图 1.7 所示。

```
network@ubuntu:~/test$ make clean
rm helloworld
network@ubuntu:~/test$ ls
helloworld.c  Makefile
network@ubuntu:~/test$ make all
gcc helloworld.c -o helloworld
network@ubuntu:~/test$ ls
helloworld  helloworld.c  Makefile
network@ubuntu:~/test$ ./helloworld
Hello World!
```

图 1.7　make 命令执行过程和效果

　　建议在实验初期自己尝试编写简单的 Makefile 文件，体会 make 工具的使用方法。

1.4.4 ctags

ctags 是 Vim 下代码阅读工具。这里只介绍一些最基础的功能。

（1）为了能够跨目录使用 ctags，需要添加 Vim 的相关配置。打开.vimrc 文件，添加以下内容并保存。

set tags=tags;
set autochdir

（2）为了进行测试，新建 ctags_test.c 文件（在其中添加一个函数），如图 1.8 所示。新建一个文件 helloworld.c，在其中调用 ctags_test.c 中新建的函数，如图 1.9 所示。

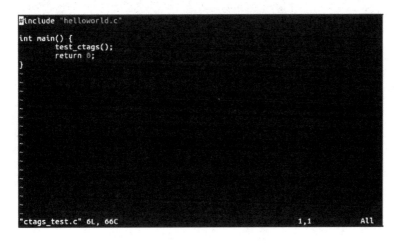

图 1.8　ctags_test.c 文件中的内容

（3）回到命令行界面，执行命令 ctags -R *，会发现在该目录下出现了新的文件。使用 Vim 打开 ctags_test.c，将光标移到调用的函数（test_ctags）上，如图 1.10 所示。按 Ctrl+] 键，便可以跳转到 helloworld.c 中的函数定义处；再按 Ctrl+T 或 Ctrl+O 键（有些浏览器 Ctrl+T 是新建页面，会出现快捷键冲突），便可以返回跳转前的位置。

使用 Vim 打开 ctags_test.c，输入 ":" 进入底线命令模式，再输入 tag test_ctags，也可以跳转到该函数定义的位置。

正式开始操作系统实验后，需要阅读和理解的代码量会增加很多，不同文件之间的函数调用会给阅读代码带来很大的阻力。熟练运用 ctags 的相关功能，可以为读者阅读、理解代码提供很大的帮助。

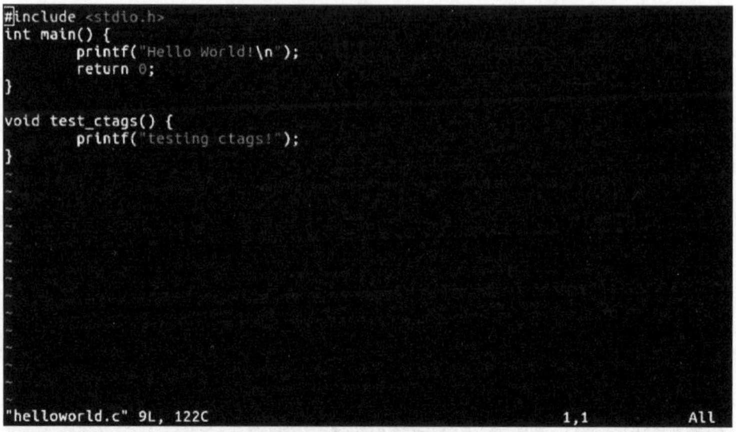

#include <stdio.h>
int main() {
printf("Hello World!\n");
return 0;
}
void test_ctags() {
printf("testing ctags!");
}
"helloworld.c" 9L, 122C
1,1
All

图 1.9　helloworld.c 文件中的内容

#include "helloworld.c"
int main() {
test_ctags();
return 0;
}

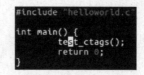

图 1.10　光标处于函数名上

1.5　Git 简介

本书设计的实验通过 Git 版本控制系统进行管理，下面简要介绍 Git 相关内容。

1.5.1　Git 是什么？

最初的版本控制是纯手工完成的：修改文件，保存新的文件版本。如果保存新版本时命名比较随意，时间长了就不知道哪个版本是新的，哪个版本是旧的了，即使知道版本的新旧，也可能无法明确了解每个版本是什么内容，相对上一版做了哪些修改，在几个版本之后，很可能就会出现像图 1.11 那样糟糕的情况了。

图 1.11 手工版本控制

在很多情况下，一个工程项目往往是由多人一起完成的，在项目刚刚开始时，分工、制定计划后各人便埋头苦干，但版本管理可能会让人头疼不已。其本质原因在于每个人都会对项目的内容做修改，结果就可能是 A 把添加完功能的项目打包发给了 B，然后自己继续添加功能。一天后，B 把自己修改后的项目包又发给了 A，这时 A 就必须非常清楚地知道在他发给 B 之后到收到 B 的回复这段时间里，又对哪些地方做了改动，然后还要进行合并，这相当困难。

这时会面临一个无法避免的事实：如果每一次小小的改动，开发者之间都要相互通知，那么一些错误的改动将会令他们付出很大的代价，即一个错误的改动要通知多方同时进行。如果一次性做了大幅修改，那么只有在概览了项目的很多文件后才能知道改动在哪里，也才能做合并修改。

由此产生了需求，开发人员希望：

- 自动记录每次文件的改动，而且最好有撤回功能，改错了可以轻松撤销；
- 支持多人协作编辑，命令与操作简洁；
- 可方便地在各历史版本间切换；
- 可方便地在软件中查看某次改动。

版本控制系统就是这样一种神奇的系统，而 Git 则是一种先进的分布式版本控制系统。

Git 是由 Linux 的创始人莱纳斯·托瓦尔兹（Linus Torvalds）创造，最初用于管理自己的 Linux 开发过程。他对于 Git 的解释是：The stupid content tracker（傻瓜内容追踪器）。

> **注意 1.5**
>
> 版本控制是一种记录文件内容变化，以便将来查阅特定版本修订情况的系统。

1.5.2　Git 基础指引

通过前几节的学习，完成如下操作：

- 创建一个名为 learnGit 的目录
- 进入 learnGit 目录
- 执行命令 git init
- 用 ls 命令并添加适当参数查看操作结果

完成以上操作后，新建的目录下面多了一个名为 .git 的隐藏目录，这个目录就是 Git 版本库，常被称为仓库（repository）。需要注意的是，实验中不要直接对 .git 目录做任何操作。

执行 git init 命令后就创建了一个仓库，learnGit 目录就是 Git 里的工作区，其中只有 .git 版本库目录。

> **注意 1.6**
>
> 在 MOS 操作系统实验中不会用到 git init 命令，每个用户一开始就有一个名为 xxxxxxxx（学号）的版本库，包含了 Lab0 的实验内容。

下面新建一个文件 readme.txt，内容为"BUAA_OSLAB"。执行以下命令将该文件添加至版本库：

$ git add readme.txt

注意，执行此命令后，并未真正地把 readme.txt 提交到版本库，Git 同其他大多数版本控制系统一样，需要在 add 命令之后再执行一次提交操作，提交操作的命令如下：

$ git commit

如果不带任何附加选项，执行后会弹出一个窗口显示如下信息，其中 Notes to test 就是本次提交所附加的说明。

GNU　nano　2.2.6　　文件：/home/13061193/13061193-lab/.git/COMMIT_
EDITMSG

Notes to test.

请为您的变更输入提交说明。以 '#' 开始的行将被忽略，而一个空的提交
说明将会终止提交。
位于分支 master
您的分支与上游分支 'origin/master' 一致。
#
要提交的变更：
修改：   readme.txt
#

[已读取 9 行]
^G 求助   ^O 写入   ^R 读档   ^Y 上页   ^K 剪切文字   ^C 指针位置
^X 离开   ^J 对齐   ^W 搜索   ^V 下页   ^U 还原剪切   ^T 拼写检查

注意，在弹出的窗口中我们必须添加本次提交操作的说明，这意味着不能提交空白说明，否则提交不成功。而且在添加提交说明之后，可以按照提示键来操作。

注意 1.7

初学者一般不重视 git commit 命令中提交说明的有效性，使用说明意义不明显的字符串作为说明来提交。但从一开始就应该着意培养自己良好的编程习惯，其中编写一个自己看得懂、别人也能看得懂的提交说明是非常必要的。所以为了提高可读性，尽量每次提交的说明都能见名知义，比如 "fixed a bug in ……" 这样的描述。推荐一条命令：git commit --amend，重新书写最后一次提交的说明。

以窗口提交方式是一种更简洁的方式，使用以下命令：

$ git commit -m [提交说明]

前面的提交过程可以简化为下面一条命令：

$ git commit -m "Notes to test."

如果提交之后看到以下类似的提示，就说明提交成功了。

[master 955db52] Notes to test.
1 file changed，1 insertion（+），1 deletion（-）

本次提交中可以得到以下提示信息，后续会详细说明提交提示信息的含义：

- 本次提交的分支是 master
- 本次提交的 ID 是 955db52
- 提交说明是 Notes to test
- 有一个文件相比之前发生了变化：一行的添加与一行的删除行为

在实验过程中，提交后可能会出现如下提示信息，说明要求设置提交者身份。

*** Please tell me who you are.

Run

git config --global user.email "you@example.com"
git config --global user.name "Your Name"

\# to set your account's default identity.
\# Omit --global to set the identity only in this repository.

> **注意 1.8**
>
> 可以用以下两条命令设置用户名和邮箱：
>
> git config --global user.email "you@example.com"
>
> git config --global user.name "Your Name"
>
> 例如：
>
> git config --global user.email "qianlxc@126.com"
>
> git config --global user.name "Qian"

现在已设置了提交者的信息，提交者信息用于告知所有负责该项目的人每次提交是由谁提交的，并提供联系方式以进行交流。

1.5.3　Git 文件状态

在 Git 中，任何一个文件都只有四种状态：未跟踪（untracked）、未修改（unmodified）、已修改（modified）和已暂存（staged）。其中，"未跟踪"表示没有跟踪某个文件的变化，使用 git add 命令可跟踪文件；"未修改"表示某文件在跟踪后一直没有改动过或者改动后已经提交了；"已修改"表示修改了某个文件，但还没有加入（add）暂存区；"已暂存"表示把已修改的文件放在下次提交（commit）时要保存的清单中。

文件的四种状态的转换关系如图 1.12 所示。

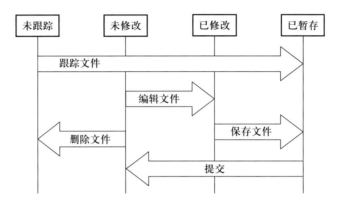

图 1.12 Git 中的四种状态转换关系

完成以下练习以进一步熟悉 Git 的使用方法。

思考 1.1 思考下列有关 Git 的问题。

（1）在/home/xxxxxxxx/learnGit（已初始化）目录下创建一个名为 README.txt 的文件。执行命令 git status > Untracked.txt。

（2）在 README.txt 文件中添加任意文件内容，然后使用 add 命令，再执行命令 git status > Stage.txt。

（3）提交 README.txt，并在提交说明里写入自己的学号。

（4）执行命令 cat Untracked.txt 和 cat Stage.txt，对比两次运行的结果，体会 README.txt 两次所处位置不同带来的差异。

（5）修改 README.txt 文件，再执行命令 git status > Modified.txt。

（6）执行命令 cat Modified.txt，观察其结果和第一次执行 add 命令之前的结果是否一样，并思考原因。

> **注意 1.9**
>
> 　　git status 命令用于查看当前文件的状态，git log 命令用于提交日志，每提交一次，Git 会在提交日志中记录一次。

思考上述问题后，Untracked.txt 、Stage.txt 和 Modified.txt 的内容如下。

#Untracked.txt 的内容如下

\# On branch master

\# Untracked files：

\#　　（use "git add <file>···" to include in what will be committed）

\#

\#　　　　README.txt

nothing added to commit but untracked files present（use "git add" to track）

#Stage.txt 的内容如下

\# On branch master

\# Changes to be committed：

\#　　（use "git reset HEAD <file>···" to unstage）

\#

\#　　　　new file：README.txt

\#

#Modified.txt 的内容如下

\# On branch master

\# Changes not staged for commit：

\#　　（use "git add <file>···" to update what will be committed）

\#　　（use "git checkout – <file>···" to discard changes in working directory）

\#

\#　　　　modified：　README.txt

\#

no changes added to commit（use "git add" and/or "git commit -a"）

仔细观察可以发现，Untracked.txt 文件第二行内容是 Untracked files，Stage.txt 文件第二行内容是 Changes to be committed，而 Modified.txt 文件第二行内容是 Changes not staged for commit。这三种不同的提示分别意味着：在新建 README.txt 文件时，它处于为未跟踪状态；在 README.txt 中任意添加内容，接着执行 add 命令，文件进入已暂存状态；在修改 README.txt 之后，它处于已修改状态。

注意 1.10

git add 命令本身是多义性的，虽然差别较小但是在不同场景下使用依然是有区别的。因此需注意：新建文件后要执行 git add 命令，修改文件后也需要执行 git add 命令。

思考 1.2　在图 1.12 中，思考各箭头对应的 Git 命令是什么。

通过前面的介绍，相信读者对 Git 的设计有了初步的认识，下面将深入讲解 Git 里的一些机制。

1.5.4　Git 三棵"树"

本地仓库由 Git 维护的三棵"树"组成。第一棵"树"是工作区，其中存储了实际文件；第二棵"树"是暂存区（index，有时也称 stage），它像一个暂时存放的区域，临时保存修改的文件；最后一棵"树"是 HEAD，它指向用户最近一次提交的结果。

Git 的对象库位于.git/objects 目录下，所有需要实施版本控制的文件会被压缩成二进制文件，压缩后的二进制文件作为一个 Git 对象保存在.git/objects 目录中。Git 计算当前文件内容的哈希值（长度为 40 位的字符串），并作为该对象的文件名。

在.git 目录中，.git/index 实际上就是一个包含文件索引的目录树，像是一个虚拟的工作区。在这个虚拟工作区的目录树中，记录了文件名、文件状态信息（时间戳、文件长度等），但是文件的内容并不存储在其中，而是保存在 Git 对象库（.git/objects）中，文件索引建立了文件和对象库中对象实体之间的对应关系。图 1.13 展示了工作区和版本库之间的关系，揭示了不同操作带来的影响。

在图 1.13 中，版本库中标记为 index 的区域是暂存区（stage，index），标记为 master 的是 master 分支所代表的目录树。可以看出，此时 HEAD 实际是指向 master 分支的一个"指针"。所以图 1.13 中的命令中出现 HEAD 的地方可以用 master 来替换。

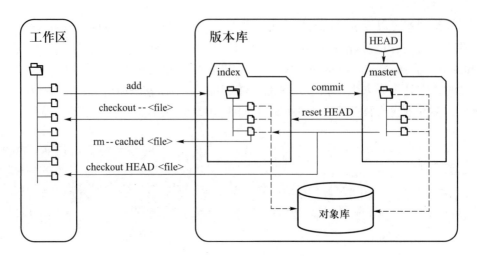

图 1.13　工作区和版本库

当对工作区中修改（或新增）的文件执行 git add 命令时，暂存区中的目录树将更新，同时工作区中修改（或新增）的文件内容被写入对象库中的一个新的对象，而该对象的 ID 被记录到暂存区的文件索引中。

当执行提交操作（git commit）时，会将暂存区中的目录树写到版本库（对象库）中，master 分支会做相应的更新，即 master 指向的目录树就是提交时暂存区的目录树。

当执行 git rm -- cached <file> 命令时，会直接从暂存区删除文件，工作区则不做改变。

当执行 git reset HEAD 命令时，暂存区中的目录树会被重写，由 master 分支指向的目录树所替换，但是工作区不受影响。

当执行 git checkout -- <file> 命令时，会用暂存区指定的文件替换工作区的文件。这个操作很危险，会清除工作区中未添加到暂存区的改动。

当执行 git checkout HEAD <file> 命令时，会用 HEAD 指向的 master 分支中的指定文件来替换暂存区和工作区中的文件。这个命令也是极具危险性的，因为它不但会清除工作区中未提交的改动，也会清除暂存区中未提交的改动。

在下载软件时，通常会考虑暂存区和版本库的关系，此时可粗略地认为暂存区是开发版，而版本库是稳定版，执行 commit 命令其实就是将稳定版升级到当前开发版的一个操作。

在 Git 中引入暂存区的概念是 Git 里较难理解但又是最有亮点的设计之一，在这里不再详细介绍，有兴趣的读者可以查看相关书籍。

1.5.5 Git 版本回退

在编写代码时，可能遇到过因错误删除文件或因一个修改而导致程序再也无法运行等情况，Git 允许进行版本回退，可使用户返回到上一个正常状态。下面介绍相关撤销命令。

git rm -- cached <file>：从暂存区中删除不再想跟踪的文件，比如调试用的文件等。

git checkout -- <file>：如果在工作区中对多个文件进行多次修改后发现编译无法通过，且如果尚未执行 git add，则可使用本命令将工作区恢复成原来的样子。

git reset HEAD <file>：如果修改文件生效并放入暂存区，但已经执行了 git add 命令，则可使用本命令来恢复。

git clean <file> -f：如果工作区中混入了未知内容，且未被追踪，但是想清除它，这就可以使用本命令。

思考 1.3 思考下列问题。

（1）代码文件 print.c 被错误删除时，应当使用什么命令将其恢复？

（2）代码文件 print.c 被错误删除后，又执行了 git rm print.c 命令，此时应当使用什么命令将其恢复？

（3）无关文件 hello.txt 已经被添加到暂存区后，如何在不删除此文件的前提下将其移出暂存区？

关于上述撤销命令的详细用法，可在需要时再行查阅，可用 git status 来查看当前状态下 Git 的推荐命令。现阶段主要掌握 git add 和 git commit 的用法即可。当然，一定要慎用撤销命令。

介绍完上面三条撤销命令，下面介绍 Git 版本回退命令 reset，其用法如下：

git reset --hard

为了体会 reset 命令的作用，思考以下问题。

思考 1.4 思考下列有关 Git 的问题。

（1）找到 /home/xxxxxxxx/learnGit 下的 README.txt 文件。

（2）在文件里加入 Testing 1，git add，git commit，提交说明记为 1。

（3）重复上一步，把 1 分别改为 2 和 3，分别提交。

（4）使用 git log 命令查看提交日志，看是否已经有三次提交记录，记下提交说明为 3 的哈希值。

（5）进行版本回退。执行命令 git reset --hard HEAD^ 后，再执行 git log，观察其变化。

（6）找到提交说明为 1 的哈希值，执行命令 git reset --hard <Hash-code> 后，再执行 git log，观察其变化。

（7）现在已经回到了旧版本，为了再次回到新版本，执行 git reset --hard <Hash-code> ，再执行 git log，观察其变化。

reset 命令可实现版本回退或者切换到任何一个版本。它有两种用法：第一种是使用 HEAD，如果要退回到上个版本就用 HEAD^，要退回到上上个版本就用 HEAD^^，要是回退到前 50 个版本则可使用 HEAD~50 来代替；第二种就是使用哈希值，使用哈希值可以在不同版本之间任意切换，足见哈希值的强大。

必须注意，--hard 是 git reset 命令唯一的危险用法，它也是 Git 中真正销毁数据的几个操作之一。其他任何形式的 git reset 调用都可以轻松撤销，但是 --hard 选项却不行，因为它强制覆盖了工作目录中的文件。若该文件还未提交，Git 会覆盖它从而导致无法恢复。

1.5.6　Git 分支

在本章前面的叙述中，多次提到"分支"一词，在本书实验实现过程中，使用分支意味着从开发主线上分离开来，然后在不影响主线的同时继续其他工作。下面介绍创建分支的命令 branch，其语法格式如下：

$ git branch < 分支名 >

这条命令功能相当于把当前分支的内容复制一份到新的分支里去，然后在新的分支上添加测试功能，而不会影响原分支。假如当前在 master[①]分支下已经有过三次提交记录，这时使用 git branch 命令新建一个分支 testing，如图 1.14 所示。

删除一个分支也很简单，只要加上 -d 选项（-D 是强制删除）即可，其语法格式如下：

$ git branch -d（D）< 分支名 >

若想查看分支情况以及当前所在分支，需要使用选项 -a，其语法格式如下：

---

① master 分支是主分支，是一个仓库初始化时自动建立的默认分支。

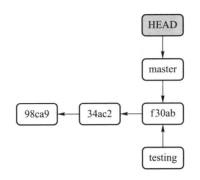

图 1.14 分支建立后

$ git branch -a

执行以上命令后，显示内容如下：

```
# 使用该命令的效果如下
# 前面带 * 的分支是当前分支
lab1
lab1-exam
* lab1-result
master
remotes/origin/HEAD -> origin/master
remotes/origin/lab1
remotes/origin/lab1-exam
remotes/origin/lab1-result
remotes/origin/master
# 带 remotes 是远程分支
```

执行 git branch 命令，仅仅是建立了一个新的分支，但不会自动切换到这个新的分支，所以在上面的例子中，依然还在 master 分支里工作。在 Git 中，用 HEAD 表示指向当前工作的本地分支的指针，可以将 HEAD 想象为当前分支的别名。那么，如果要切换到另一个分支，就可使用 checkout 命令，其语法格式如下：

$ git checkout < 分支名 >

例如，执行 git checkout testing 命令，这样 HEAD 就指向了 testing 分支，如图 1.15 所示。

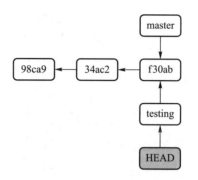

图 1.15　分支切换后

这时候当前工作区就是 testing 分支下的工作目录，而且在 testing 分支下的修改、添加与提交都不会对 master 分支产生任何影响。

在本书 MOS 操作系统实验中，有以下几种分支。

（1）lab$x$：这是提交实验代码的分支，这个分支不需要手工创建。当写好代码提交到服务器后，在本次实验结束后，使用更新命令即可获取新的实验分支，只需要执行 git checkout lab$x$ 命令即可进行新的实验。

（2）lab$x$-exam：这是实验考试的分支，每次需要使用 git branch 命令将刚完成的实验分支复制一份到 lab$x$-exam 分支下，并可编写代码。

前面介绍的这些命令只是在本地进行操作，其中必须掌握 git add、git commit、git branch、git checkout 等命令，其余命令可在需要时查阅。下面介绍一组和远程仓库有关的命令。

1.5.7　Git 远程仓库与本地仓库

在实验中，我们设立了几台服务器主机作为远程仓库。远程仓库的结构其实和本地仓库的结构是一致的，只不过远程仓库位于服务器上，而本地仓库位于本地。实验中每次对代码进行修改时，都需要在实验截止时间之前提交到服务器。下面这条命令用于从远程仓库克隆一份到本地仓库中：

$ git clone git@ip：学号-lab

git clone 是一条很重要的命令，以后会经常使用，如前期检查是否成功地提交到服务器，以及后期使用 Git 为开源社区做贡献时都需要。但是初学者在使用这条命令的时候可能会遇到一些问题，请仔细思考下面的问题。

思考 1.5　对下面四个描述，你觉得哪些正确，哪些错误？请给出你参考的资料或实验证据。

（1）克隆时所有分支均被克隆，但只有 HEAD 指向的分支被检出。

（2）在克隆出的工作区中执行 git log、git status、git checkout、git commit 等操作不会去访问远程仓库。

（3）克隆时只有远程仓库 HEAD 指向的分支被克隆。

（4）克隆后工作区的默认分支是 master 分支。

注意 1.11

"检出某分支"的意思是该分支有对应的本地分支，使用 git checkout 后会在本地检出一个同名分支并自动跟踪远程分支。比如现在本地为空，远程有一个名为 os 的分支，使用 git checkout os 即可在本地建立一个跟远程分支同名且自动追踪远程分支的 os 分支，并且在 os 分支下执行 push 命令时会默认提交到远程分支 os 上。

初学者最容易犯的一个错误是，在检查自己是否提交到服务器时，克隆之后立即进行编译。克隆之后默认处于 master 分支，而实验的代码是不会在 master 分支下测试的，所以要先使用 git checkout 检出对应的 lab$x$ 分支，再进行测试。

下面再介绍两条与远程仓库有关的命令：push 与 pull，其功能很简单，但要用好却比较难。两条命令用法如下：

$ git push   # 用于从本地仓库推送到服务器远程仓库

$ git pull   # 用于从服务器远程仓库抓取到本地仓库

git push 只是将本地仓库里已经提交的部分同步到服务器，不包括暂存区里存放的内容。在 MOS 实验中还可能会添加选项，例如：

$ git push origin [分支名]   # origin 在实验中是固定的

这条命令可以将在本地创建的分支推送到远程仓库，在远程仓库建立一个同名的、可在本地追踪的远程分支。例如，在本地先建立一个 lab$x$-exam 分支，提交后执行 git push origin lab$x$-exam 命令在服务器上建立一个同名远程分支，这样服务器就可以通过检测该分支的代码来检测提交的代码是否正确。

git pull 命令的作用是，如果在服务器端发布了新的分支、下发了新的代码或者进行了一些改动，就需要执行 git pull 命令来让本地仓库与远程仓库保持同步。

1.5.8　Git 冲突与解决冲突

执行 git push 命令时，可能会遇到如下问题：

To git@github.com：xxxxxxxx.git

! [rejected]　　　　　　　　master -> master（non-fast-forward）

error：无法推送一些引用到 'git@github.com：xxxxxxxx.git'

提示：更新被拒绝，因为您当前分支的最新提交落后于其对应的远程分支。

提示：再次推送前，先与远程变更合并（如 'git pull …'）。

提示：详见 'git push --help' 中的 'Note about fast-forwards' 小节

下面来分析出现以上问题的原因。想象你在公司和在家操作同一个分支，在公司你对一个文件进行了修改，然后做了提交。回了家又对同样的文件做了不同的修改，又执行 push 命令同步到了远程分支。但等你回到公司再执行 push 命令时就会发现一个严重的问题：现在远程仓库和本地仓库已经分离开变成岔路了，如图 1.16 所示。

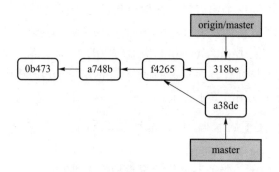

图 1.16　远程仓库与本地仓库的分支

这时远程仓库可能出问题了。假设你在公司的提交有效，在家里的提交也有效，而你又不想浪费劳动成果，想让远程仓库把你的提交全部接受，那么怎么样才能解决这个问题呢？这时候需要使用 git pull 命令了。

此时你可能会产生一个很大的疑问，在执行 push 之前，先执行 git pull 命令，问题就能全部解决吗？答案当然是否定的。Git 不可能自动对文件中的修改做妥善合并，但是 Git 提供了一种机制来实现快速定位有冲突（conflict）的文件，这时执行 git pull 命令，可能会看到如下所示的提示：

Auto-merging test.txt

CONFLICT（content）：Merge conflict in test.txt

Automatic merge failed；fix conflicts and then commit the result.

产生冲突的文件中往往包含一部分类似如下的奇怪代码，例如打开 test.txt，可看到如下"乱码"：

a123

<<<<<<<HEAD

b789

=======

b45678910

>>>>>>>6853e5ff961e684d3a6c02d4d06183b5ff330dcc

c

冲突标记<<<<<<<与 ======= 之间的内容是某次提交的相关修改，=======与>>>>>>>之间的内容是另一次提交的相关修改。

要解决冲突也很简单，编辑有冲突的文件，将其中有冲突的内容手工合并即可。当然，在解决了冲突之后要重新执行 add 命令并提交。

在执行 git pull 命令时如果遇到如下问题：

error：Your local changes to the following files would be overwritten by merge：21xxxxxx-lab/readme.txt

Please，commit your changes or stash them before you can merge.

Aborting

则根据提示只需要将所有修改全部提交即可，提交之后再执行 git pull 命令。

下面介绍实验代码的提交流程。

1.5.9　实验代码提交流程

执行以下命令完成实验代码从编写、提交到检测的全过程。

modify：写代码。

git add & git commit <modified-file>：提交到本地仓库。

git pull：从服务器拉回本地仓库，解决服务器版本库与本地代码的冲突。

git add & git commit <conflict-file>：将远程仓库与本地代码合并结果提交到本地仓库。

git push：将本地仓库推送到服务器。

而在一次实验结束、新的实验代码下发时，一般按照以下流程实施实验。

git add & git commit：如果当前分支的暂存区还有内容，需先提交。

git pull：确保将服务器上的更新全部同步到本地仓库。

git checkout lab$x$：检出新实验分支并进行实验。

1.6　进阶操作

1.6.1　Linux 操作补充

执行 find -name 命令可以在当前目录下递归地查找符合参数给定文件名的文件，并将文件的路径输出到屏幕。其语法格式如下：

find -name 文件名

grep 是一个强大的文本搜索工具，它能使用正则表达式搜索文本，并把匹配的行打印出来。简单来说，grep 命令可以从文件中查找包含模式给定字符串的行，并将该文件的路径和该行输出至屏幕。当需要在整个项目目录中查找某个函数名、变量名等特定文本的时候，grep 是一个强有力的工具。grep 语法格式如下：

grep [选项] 模式 [文件名]

常用选项说明以下。

-a：不忽略二进制数据进行搜索。

-i：忽略文件名大小写差异。

-r：从目录开始做递归查找。

-n：显示行号。

tree 命令可以根据文件目录生成文件树，作用类似于 ls。其语法格式如下：

tree [选项] [目录名]

常用选项说明如下。

-a：列出全部文件。

-d：只列出目录。

locate 也是查找文件的命令，它与 find 的不同之处在于 find 在硬盘中查找，locate 只在/var/lib/slocate 资料库中查找。locate 命令的执行速度比 find 快，它并不是真地查找文件，而是查数据库，所以 locate 的查找并不是实时的，而是以数

据库的更新为准，一般由系统维护，也可以手工升级数据库。locate 命令语法格式
如下：

locate [选项] 文件名

Linux 的文件调用权限分为三级：文件拥有者、群组、其他。利用 chmod 命令
可以控制文件调用权限。chmod 命令语法格式如下：

chmod 权限设定字串 文件名

权限设定字串格式：
[ugoa···][[+-=][rwxX]···][, ···]

其中，u 表示该文件的拥有者，g 表示与该文件的拥有者属于同一个群组，o 表
示其他人，a 表示这三者皆是；+ 表示增加权限，- 表示取消权限，= 表示唯一设
定权限；r 表示可读取，w 表示可写入，x 表示可执行，X 表示只有当该文件是个
子目录或者该文件已经被设定过时为可执行。

此外 chmod 也可以用数字来表示权限，其语法格式为：

chmod abc 文件名

其中，abc 为三个数字，分别表示拥有者、群组、其他人的权限。r=4，w=2，
x=1，用这些数字的加和来表示权限。例如 chmod 777 file 和 chmod a=rwx file 效
果相同。

diff 命令用于比较文件的差异，其语法格式如下：

diff [选项] 文件名 1　文件名 2

常用选项说明如下。
-b：不检查空格字符。
-B：不检查空行。
-q：仅显示有无差异，不显示详细信息。

sed 是一个文件处理工具，可以对数据行进行替换、删除、新增、选取等特定
工作。其语法格式如下：

sed [选项] '命令' 输入文本

常用选项说明如下。
-n：使用安静模式。在一般的 sed 用法中，输入文本的所有内容都会被输出。使

用 -n 参数后，只会显示经过 sed 处理的内容。

-e：进行多项编辑，即对输入行应用多条 sed 命令时使用。

-i：直接修改读取的档案内容，而不是输出到屏幕。使用时应小心。

常用命令如下。

a：新增，a 后紧接着 \\，在当前行的后面添加一行文本。

c：取代，c 后紧接着 \\，用新的文本取代本行的文本。

i：插入，i 后紧接着 \\，在当前行的上面插入一行文本。

d：删除，删除当前行的内容。

p：显示，把选择的内容输出。通常 p 会与参数 sed -n 一起使用。

s：取代，格式为 s/re/string，re 表示正则表达式，string 为字符串，功能为将正则表达式替换为字符串。

示例如下。

sed -n '3p' my.txt

输出 my.txt 的第三行

sed '2d' my.txt

删除 my.txt 文件的第二行

sed '2, $d' my.txt

删除 my.txt 文件的第二行到最后一行

sed 's/str1/str2/g' my.txt

在整行范围内把 str1 替换为 str2。

如果没有 g 标记，则只有每行第一个匹配的 str1 被替换成 str2

sed -e '4a\str ' -e 's/str/aaa/' my.txt

#-e 选项允许在同一行里执行多条命令。例子的第一条是第四行后添加一个 str

第二个命令是将 str 替换为 aaa。命令的执行顺序对结果有影响。

awk 是一种处理文本文件的语言，也是一个强大的文本分析工具，其语法格式如下所示。这里只举几个简单的例子，有兴趣的读者可以自行深入学习。

awk ' 条件 行动' 文件名

awk '$1>2 {print $1, $3}' my.txt

awk -F, '{print $2}' my.txt

这个命令中出现的 $n 表示该行中用空格分隔的第 n 项。所以上面第一条命令的意义是文件 my.txt 中所有第一项大于 2 的行，输出第一项和第三项。上面第二

条命令中 -F 选项用来指定用于分隔的字符，默认是空格。所以该命令的 $n 就是用
","分隔的第 n 项了。

tmux 是一个优秀的终端复用软件，可用于在一个终端窗口中运行多个终端会
话。窗格（pane）、窗口（window）、会话（session）是 tmux 中的三个基本概念，
一个会话可以包含多个窗口，一个窗口可以分割为多个窗格。tmux 在中断退出后
仍会保持会话，进入会话即可直接从之前的环境开始工作。

窗格操作：tmux 的窗格可以做出分屏的效果。

- Ctrl+B %（组合键之后按一个百分号）：垂直分屏，用一条垂线把当前窗口
分成左右两屏。

- Ctrl+B "（组合键之后按一个双引号）：水平分屏，用一条水平线把当前窗
口分成上下两屏。

- Ctrl+B O：依次切换当前窗口下的各个窗格。

- Ctrl+B ↑|↓|←|→：根据按箭方向选择切换到某个窗格。

- Ctrl+B Space（空格键）：对当前窗口下的所有窗格重新排列布局，每按一
次空格键，换一种样式。

- Ctrl+B Z：最大化当前窗格。再按一次后恢复。

- Ctrl+B X：关闭当前使用中的窗格，操作之后会给出是否关闭的提示，按 Y
键确认即关闭。

窗口操作：每个窗口都可以分割成多个窗格。

- Ctrl+B C：创建一个新窗口。

- Ctrl+B P：切换到上一个窗口。

- Ctrl+B N：切换到下一个窗口。

- Ctrl+B 0：切换到 0 号窗口，以此类推，可换成任意窗口序号。

- Ctrl+B W：列出当前会话中所有窗口，通过 ↑、↓ 键切换窗口。

- Ctrl+B &：关闭当前窗口，会给出提示是否关闭当前窗口，按 Y 键确认
即可。

会话操作：一个会话可以包含多个窗口。

- tmux new -s 会话名：新建会话。

- Ctrl+B D：退出会话，回到 Shell 的终端环境。

- tmux ls：在终端环境中查看会话列表。

- tmux a -t 会话名：从终端环境进入会话。

- tmux kill-session -t 会话名：销毁会话。

1.6.2　Shell 脚本

在实际应用中，可能会遇到重复多次用到单条或多条长而复杂命令的情况，初学者可能会想把这些命令保存在一个文件中，以后再打开文件复制、粘贴、运行，其实大可不必复制、粘贴，将文件按照批处理脚本运行即可。简单来说，批处理脚本就是存储了一条或多条命令的文本文件，Linux 系统中有一种简单、快速执行批处理文件的方法（类似 Windows 系统中的.bat 批处理脚本）——source 命令。source 命令是 Bash 的内置命令，该命令通常用点命令"."来替代。该命令以一个脚本为参数，并在当前 Shell 环境中执行，不会启动一个新的子进程，所有在脚本中设置的变量将成为当前 Shell 的一部分。其语法格式如下：

source 文件名 [参数]
注：文件应为可执行文件，即为绿色。

当某项复杂的工作需要执行多条 Linux 命令，或者有一组命令要经常执行时，可以通过 Shell 脚本来完成。本节我们将学习 Bash Shell 的使用方法。执行 touch 命令创建一个文件 my.sh，使用 Vim 将其打开，并向其中写入以下内容：

#!/bin/bash
#balabala
echo "Hello World!"

可以使用 bash 命令来运行这个文件：

bash my.sh

或者使用之前介绍的命令 source：

source my.sh

另外，可以添加运行权限：chmod +x my.sh。然后，运行以下命令

./my.sh

从上面的脚本中可以看到，通常会在文件首行加入 #!/bin/bash，以保证脚本默认使用 Bash。第二行的内容是注释，以 # 开头。第三行是命令。

可以向 Shell 脚本传递参数。例如，my2.sh 的内容为 echo $1，则执行命令

./my2.sh msg

后 Shell 会执行 echo msg 这条命令。$n 就代表第 n 个参数，而 $0 也就是命令，在

本例中就是./my2.sh。除此之外还有一些可能有用的符号组合，例如：

- $# ：传递的参数个数
- $*：一个字符串显示传递的全部参数

Shell 中函数也用类似的方式传递参数。例如：

```
function 函数名 ()
{
    命令
    [return int]
}
```

其中，function 或者 () 可以省略其中一个，例如：

```
fun () {
    echo $1
    echo $2
    echo "the number of parameters is $#"
}
fun 1 str2
```

在 Shell 脚本中可以使用分支和循环语句来实现流程控制。if 的格式如下：

```
if 条件
    then
    命令 1
    命令 2
    ...
fi
```

或者写到一行

```
if 条件；then 命令 1；命令 2；...fi
```

例如：

```
a=1
if [ $a -ne 1 ]；then echo ok；fi
```

上述 if 语句中，“条件”部分的条件表达式使用了-ne 关系运算符，它们和 C 语言的比较运算符的对应关系如下：

- -eq：==，等于；
- -ne：!=，不等于；
- -gt：>，大于；
- -lt：<，小于；
- -ge：>=，大于或等于；
- -le：<=，小于或等于。

“条件”部分也可以使用 true 或 false。变量除了可自定义外，还有一个比较常用的是 $?，它代表上一个命令的返回值。比如刚执行完 diff，若两文件相同则 $? 为 0。

实际上，“条件”位置处也可以是命令，当返回值为 0 时执行。例如，上面语句中左方括号 [是命令，$a、-ne、1、] 是命令的选项，关系成立返回 0。“条件”为 true 则是直接返回 0。“条件”也可以用 diff file1 file2 来填补。

while 语句语法格式如下：

```
while 条件
    do
    命令
done
```

while 语句可以使用 continue 和 break 这两个循环控制语句。

例如，创建 9 个目录，名字是 file1~file9。

```
a=1
while [ $a -ne 10 ]
    do
    mkdir file$a
    a=$[$a+1]
done
```

有两点请注意：流程控制的内容不可为空，运算符和变量之间要有空格。

除了以上内容外，Shell 还有 for、case、else 语句以及逻辑运算符等，对这些内容有兴趣的读者可以自行了解。

思考 1.6　执行如下命令，并查看结果。

（1）echo first

（2）echo second > output.txt

（3）echo third > output.txt

（4）echo forth >> output.txt

思考 1.7 使用你知道的方法（包括重定向）创建如图 1.17 所示内容的文件（文件命名为 test），将创建该文件的命令序列保存在 command 文件中，并将 test 文件作为批处理文件运行，将运行结果输出至 result 文件中。给出 command 文件和 result 文件的内容，并对最后的结果进行解释和说明（可以从 test 文件的内容入手）。在具体实现过程中思考下列问题：echo echo Shell Start 与 echo 'echo Shell Start' 效果是否有区别，echo echo $c>file1 与 echo 'echo $c>file1' 效果是否有区别。

```
echo Shell Start...
echo set a = 1
a=1
echo set b = 2
b=2
echo set c = a+b
c=$[$a+$b]
echo c = $c
echo save c to ./file1
echo $c>file1
echo save b to ./file2
echo $b>file2
echo save a to ./file3
echo $a>file3
echo save file1 file2 file3 to file4
cat file1>file4
cat file2>>file4
cat file3>>file4
echo save file4 to ./result
cat file4>>result
```

图 1.17 文件内容

1.6.3 重定向和管道

这节将学习如何将 Linux 命令的输入输出定向到文件，以及如何将多个命令组合起来实现更强大的功能。Shell 使用三种流：

- 标准输入：stdin，由 0 表示；
- 标准输出：stdout，由 1 表示；
- 标准错误：stderr，由 2 表示。

利用重定向和管道可以重定向以上的流。

重定向符号 ">" 用于改变命令的数据信道, 作用是将 ">" 前命令输出的数据输出到 ">" 后指定的文件中。例如, ls / > filename 可以将根目录下的文件输出到当前目录下的 filename 中。与之类似, 还有重定向追加输出 ">>", 它将 ">>" 前命令的输出追加输出到 ">>" 后指定的文件中; 以及重定向输入 "<", 它将 "<" 后指定的文件中的数据输入到 "<" 前的文件中。三种流可以同时重定向, 例如:

command < input.txt 1>output.txt 2>err.txt

管道符号 "|" 用于连接命令, 其语法格式如下:

命令 1 | 命令 2 | 命令 3 | ⋯

其作用是将命令 1 的 stdout 发给命令 2 的 stdin, 将命令 2 的 stdout 发给命令 3 的 stdin, 以此类推。例如:

cat my.sh | grep "Hello"

上述命令将 my.sh 的内容输出给 grep 命令, grep 的功能是查找字符串。

cat < my.sh | grep "Hello" > output.txt

上述命令混合使用了重定向和管道, 其功能是将 my.sh 的内容作为 cat 命令参数, cat 命令的 stdout 发给 grep 命令的 stdin, grep 在其中查找字符串, 最后将结果输出到 output.txt。

1.6.4　GXemul 的使用

GXemul 是运行 MOS 操作系统的仿真器, 它可以帮助我们运行和调试 MOS 操作系统。直接输入 gxemul 会显示帮助信息。GXemul 命令常用选项如下。

- -E: 仿真机器的类型
- -C: 仿真 CPU 的类型
- -M: 仿真的内存大小
- -V: 进入调试模式

例如:

gxemul -E testmips -C R3000 -M 64 vmlinux　　# 用 GXemul 运行 vmlinux
gxemul -E testmips -C R3000 -M 64 -V vmlinux
以调试模式打开 GXemul, 对 vmlinux 进行调试（进入后直接中断,
输入 continue 或 step 才会继续运行, 在此之前可以进行添加断点等操作）

进入 GXemul 后使用 Ctrl+C 可以中断运行。中断后可以进行单步调试，执行如下命令完成相应功能。

- breakpoint add addr：添加断点。
- continue：继续执行。
- step [n]：向后执行 n 条汇编指令。
- lookup name|addr：通过名字或地址查找标识符。
- dump [addr [endaddr]]：查询指定地址的内容。
- reg [cpuid][, c]：查看寄存器内容，添加 ", c" 可以查看协处理器。
- help：显示各个命令的作用与用法。
- quit：退出。

1.7　实战测试

根据任务要求完成所需操作，最后将工作区内容传至远端以进行评测。

任务 1.1

1. 在 Lab0 工作区的 src 目录中，存在一个名为 palindrome.c 的文件，使用刚刚学过的工具打开 palindrome.c，使用 C 语言实现判断输入整数 n（$1 \leqslant n \leqslant 10\ 000$）是否为回文数 ① 的程序（输入输出部分已经完成）。通过 stdin 每次只输入一个整数 n，若这个整数为回文数则输出 Y，否则输出 N。

2. 在 src 目录下，存在一个待补全的 Makefile 文件，根据前面介绍的 Makefile 知识，将其补全，以实现通过 make 命令触发 src 目录下 palindrome.c 文件的编译、链接功能，生成的可执行文件命名为 palindrome。

3. 在 src/sh_test 目录下，有两个文件：file 和 hello_os.sh。hello_os.sh 是一个未完成的脚本文档，请借助 Shell 编程知识将其补全，以实现通过执行命令 bash hello_os.sh AAA BBB.c，在 hello_os.sh 所处的目录下新建一个名为 BBB.c 的文件，其内容为提取 AAA 文件第 8、32、128、512、1 024 行的内容（AAA 文件行数一定超过 1 024）。提示：对于命令 bash hello_os.sh AAA BBB.c，AAA 及 BBB 可为任何合法文件的名称，例如 bash hello_os.sh file hello_os.c，若已有 hello_os.c 文件，则将其原有内容覆盖。

4. 将补全后的 palindrome.c、Makefile、hello_os.sh 依次复制到路径 dst/palindrome.c、dst/Makefile、dst/sh_test/hello_os.sh 下。提示：文件名和路径必须与题

---

① 回文数：正读、反读都相同的整数。

目要求相同。

按照要求完成后，最终提交的文件树如图 1.18 所示。

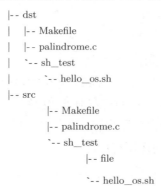

```
|-- dst
|   |-- Makefile
|   |-- palindrome.c
|   `-- sh_test
|       `-- hello_os.sh
|-- src
        |-- Makefile
        |-- palindrome.c
        `-- sh_test
            |-- file
            `-- hello_os.sh
```

图 1.18　任务 1.1 最终提交的文件树

任务 1.2　在 Lab0 工作区 ray/sh_test1 目录中，含有 100 个子目录：file1~file100，还存在一个名为 changefile.sh 的文件，将其补全，执行命令 bash changefile.sh 删除该目录内 file71~file100 共计 30 个子目录，将 file41 ~file70 共 30 个子目录重命名为 newfile41 ~newfile70。提示：评测时仅检测 changefile.sh 的正确性。

按照要求完成后，最终提交的文件树如图 1.19 所示（file 后面数字只显示 1~12，newfile 后面数字只显示 41~55）。

任务 1.3　在 Lab0 工作区的 ray/sh_test2 目录下，存在一个未补全的 search.sh 文件，将其补全。执行命令 bash search.sh file int result，在当前目录下生成 result 文件，其内容为 file 文件含有 int 字符串的行的行数，即若有多行含有 int 字符串则需要全部输出。提示：对于命令 bash search.sh file int result，file 及 result 可为任何合法文件名称，int 可为任何合法字符串，若已有 result 文件，则将其原有内容覆盖，匹配时大小写不忽略。

按照要求完成后，result 内显示样式如图 1.20 所示（一个答案占一行）。

任务 1.4

1. 在 Lab0 工作区的 csc/code 目录下，存在文件 fibo.c 和 main.c，其中 fibo.c 有点小问题，还有一个未补全的 modify.sh 文件，将其补全。执行命令 bash modify.sh fibo.c char int，可以将 fibo.c 中所有的 char 字符串更改为 int 字符串。提示：对于命令 bash modify.sh fibo.c char int，fibo.c 可为任何合法文件名，char 及 int 可以是任何字符串，评测时仅评测 modify.sh 的正确性，而不是检查修改后 fibo.c 的正确性。

```
|-- sh_test1
|    |-- file1
|    |-- file10
|    |-- file11
|    |-- file12
|    |-- file2
|    |-- file3
|    |-- file4
|    |-- file5
|    |-- file6
|    |-- file7                          39
|    |-- file8                          123
|    |-- file9                          134
|    |-- newfile41                      147
|    |-- newfile42                      344
|    |-- newfile43                      395
|    |-- newfile44                      446
|    |-- newfile45                      471
|    |-- newfile46                      735
|    |-- newfile47                      908
|    |-- newfile48                      1207
|    |-- newfile49                      1422
|    |-- newfile50                      1574
|    |-- newfile51                      1801
|    |-- newfile52                      1822
|    |-- newfile53                      1924
|    |-- newfile54                      1940
|    |-- newfile55                      1984
```

图 1.19　任务 1.2 最终提交的文件树　　　图 1.20　任务 1.3 完成后结果

2. Lab0 工作区的 csc/code/fibo.c 成功更换字段后（执行命令 bash modify.sh fibo.c char int），现有 csc/Makefile 和 csc/code/Makefile 两个文件，补全两个 Makefile 文件，要求在 csc 目录下通过 make 命令在 csc/code 目录中生成 fibo.o、main.o，在 csc 目录中生成可执行文件 fibo，再执行命令 make clean 后只删除两个 .o 文件。提示：不能修改 fibo.h 和 main.c 文件中的内容，提交的文件中 fibo.c 必须是修改后正确的 fibo.c，可执行文件 fibo 的作用是输入一个整数 n（从 stdin 输入 n），可以输出斐波那契数列的前 n 项，每一项之间用空格分开。比如 n=5，输出为 1 1 2 3 5。

要求使用脚本文件 modify.sh 修改 fibo.c，使用 make 命令可以生成.o 文件和可执行文件，再使用命令 make clean 可以将.o 文件删除，但保留 fibo 和.c 文件。

最终提交时 fibo 和.o 文件可有可无。

本任务相关文件树如图 1.21、图 1.22 所示。

```
|-- code                        |-- code
|    |-- Makefile               |    |-- Makefile
|    |-- fibo.c                 |    |-- fibo.c
|    |-- fibo.o                 |    |-- main.c
|    |-- main.c                 |    `-- modify.sh
|    |-- main.o                 |-- fibo
|    `-- modify.sh              |-- include
|-- fibo                        |    `-- fibo.h
|-- include                     `-- Makefile
|    `-- fibo.h
`-- Makefile
```

　　图 1.21　make 后文件树　　　　图 1.22　make clean 后文件树

第 2 章　内核、启动与 printk

本章相关实验任务在 MOS 操作系统实验中简记为 Lab1。

2.1　实验目的

1. 从操作系统角度理解 MIPS 体系结构。
2. 掌握操作系统启动的基本流程。
3. 掌握 ELF 文件的结构和功能。
4. 完成 printk 函数的编写。

在本章中，需要阅读并填写部分代码，使 MOS 操作系统可以正常运行起来。

2.2　操作系统的启动

2.2.1　内核在哪里？

计算机由硬件和软件组成，如果仅有一个裸机，那几乎无法完成任何工作。另外，软件也必须运行在硬件之上才能实现其价值。由此可见，硬件和软件是相互依存、密不可分的。为了较好地管理计算机系统的硬件资源，需要使用操作系统。那么在操作系统课程实验中，需要管理的硬件在哪里呢？通过前面的内容学习可知，GXemul 是一款计算机架构仿真器，在本实验中利用它可以模拟 CPU 等硬件环境。总的来说，在操作系统课程实验中，编写代码的环境是 Linux 系统，使用的硬件仿真平台是 GXemul 仿真器。在 Linux 环境中编写的操作系统代码通过 Makefile 来组织，通过交叉编译产生可执行文件，最后使用 GXemul 仿真器运行该可执行文件，最终实现 MOS 操作系统在仿真器中的运行。

注意 2.1

　　操作系统的启动英文称为"boot"，是 bootstrap 一词的缩写，即引导程序。计算机系统硬件是在软件的控制下执行的，而系统启动刚上电的时候，外部设备上的软件又需要由硬件载入内存去执行。可是没有软件的控制，谁来指挥硬件去载入软件呢？因此，就产生了一个类似于鸡生蛋、蛋生鸡那样的问题。硬件需要软件控制，软件又依赖硬件载入，早期的工程师们在这一问题上消耗了大量的精力。

　　操作系统最重要的部分是操作系统内核，因为内核通过直接与硬件交互管理各个硬件，从而利用硬件的功能为用户进程提供服务。为了启动操作系统，就需要将内核程序在计算机硬件上运行起来，一方面，一个程序要能够运行，就必须能够被 CPU 直接访问，所以不能放在磁盘上，因为 CPU 无法直接访问磁盘；另一方面，随机存储器（random access memory，RAM）是易失性存储器，掉电后将丢失全部数据，所以不可能将内核代码保存在随机存储器中。所以直观上可以认识到：CPU 不能直接访问内核，并且内存掉电易失，因此，内核有可能放置的位置只能是 CPU 能够直接访问的非易失性存储器——只读存储器（read-only memory，ROM）或闪存（flash memory）中。

　　但是，直接把操作系统内核放置在这样的非易失性存储器上会有如下一些问题。

　　（1）这种 CPU 能直接访问的非易失性存储器的存储空间一般会映射到 CPU 可寻址空间的某个区域，这是在设计硬件时决定的。显然这个区域的大小是有限的，功能比较简单的操作系统还能够放在其中，而占用空间较大的普通操作系统显然就不够用了。

　　（2）如果操作系统内核在 CPU 加电后能直接启动，这意味着一个计算机上只能启动一个操作系统，这样的限制显然不是我们所希望的。

　　（3）把与特定硬件相关的代码全部放在操作系统中并不利于操作系统的移植工作。

　　基于上述考虑，设计人员一般都会将硬件初始化的相关工作作为启动装载程序 Bootloader 放在非易失性存储器中，而将操作系统内核放在磁盘中。这样的做法可有效解决上述的问题。

　　（1）将与硬件初始化相关的工作从操作系统中抽出放在 Bootloader 中实现，实现了硬件启动和软件启动的分离。因此需要存储的、与硬件启动相关的指令不是很多，能够很容易地保存在容量较小的 ROM 或闪存中。

　　（2）在硬件初始化完后，Bootloader 需要为软件启动（即操作系统内核的功能）

做相应的准备，比如需要将内核镜像从存放它的存储器（比如磁盘）读到 RAM 中。既然 Bootloader 需要将内核镜像加载到内存中，那么它就能选择使用哪一个内核镜像进行加载，即实现了多重开机的功能。使用 Bootloader 后，就能够在一个硬件上选择运行不同的操作系统了。

（3）Bootloader 主要负责硬件启动相关工作，同时操作系统内核则专注于软件启动以及为用户提供服务的工作，从而降低了硬件相关代码和软件相关代码的耦合度，有助于操作系统的移植。使用 Bootloader 能够更清晰地划分硬件启动和软件启动的边界，使操作系统与硬件交互的抽象层次提高了，从而简化了操作系统的开发和移植工作。

2.2.2　Bootloader

从操作系统的角度看，Bootloader 的目标就是正确地找到内核并加载执行。另外，由于 Bootloader 的实现依赖于 CPU 的体系结构，因此大多数 Bootloader 都分为两个阶段。

在阶段 1 中，需要初始化硬件设备，包括看门狗定时器（watchdog timer）、中断、时钟、内存等。需要注意的一个细节是，此时 RAM 尚未初始化完成，因而阶段 1 运行的 Bootloader 程序要直接从非易失性存储器上（比如 ROM 或闪存）加载。由于当前阶段不能在 RAM 中运行，其自身运行会受到诸多限制，比如某些非易失性存储器（ROM）不可写，即使程序可写的闪存也有存储空间限制。这就是需要阶段 2 的原因。所以，阶段 1 除了初始化基本的硬件设备以外，会为加载阶段 2 准备 RAM 空间，然后将阶段 2 的代码复制到 RAM 空间，并且设置堆栈，最后跳转到阶段 2 的入口函数处。

阶段 2 运行在 RAM 中，此时有足够的运行空间，从而可以用 C 语言来实现较为复杂的功能。这一阶段的工作包括，首先初始化本阶段需要使用的硬件设备以及其他资源，然后将内核镜像从磁盘读到 RAM 中，并为内核设置启动参数，最后将 CPU 指令寄存器的内容设置为内核入口函数的地址，也就是将控制权从 Bootloader 转交给操作系统内核。

从 CPU 上电到操作系统内核被加载的整个启动步骤如图 2.1 所示。

需要注意的是，以上 Bootloader 的两个工作阶段只是从功能上论述内核加载的过程，在具体实现上不同的系统可能有所差别，而且对于不同的硬件环境也会有些不同。在我们常见的 x86 PC 的启动过程中，首先执行的是基本输入输出系统（basic input/output system，BIOS）中的代码，主要完成硬件初始化相关的工作，然后 BIOS 会从主引导记录（master boot record，MBR，开机硬盘的第一个扇区）

中读取开机信息。在 Linux 中常说的 GRUB 和 LILO 这两种开机管理程序就保存在 MBR 中。

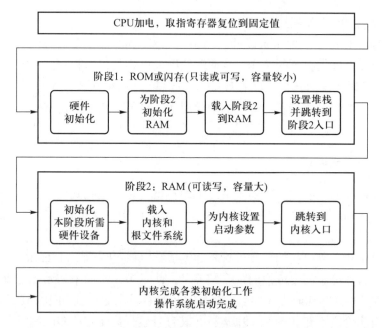

图 2.1　启动的基本步骤

> **注意 2.2**
>
> GRUB（grand unified bootloader）是 GNU 项目的一个多操作系统启动程序。简单来说，它用于在安装了多个操作系统的机器上，在刚开机时选择一个操作系统进行引导。如果机器上安装过 Ubuntu 一类的发行版，则一开机出现的那个选择系统的菜单就是 GRUB 提供的。

这里以 GRUB 为例说明。BIOS 加载 MBR 中的 GRUB 代码后就把 CPU 交给 GRUB，GRUB 的工作就是一步一步地加载自身代码，从而识别文件系统，然后将文件系统中的内核镜像文件加载到内存中，并将 CPU 控制权转交给操作系统内核。这样看来，其实 BIOS 和 GRUB 的前一部分构成了前述阶段 1 的工作，而阶段 2 的工作则是完全在 GRUB 中完成的。

注意 2.3

Bootloader 有两种操作模式：启动加载模式和下载模式。区别是前者通过本地设备中的内核镜像目录来启动操作系统，而后者则通过串口或以太网等通信手段将远端的内核镜像下载到内存中。

2.2.3 GXemul 中的启动流程

从前面的分析可以看到，操作系统的启动是一个非常复杂的过程。不过，幸运的是，由于 MOS 操作系统的目标是在 GXemul 仿真器上运行，这个过程被大大简化了。GXemul 仿真器支持直接加载 ELF 格式的内核，也就是说，GXemul 已经提供了 Bootloader 的全部功能。MOS 操作系统不需要再实现 Bootloader 的功能。在 MOS 操作系统运行第一行代码前，我们就已经拥有一个正常的程序运行环境，内存和一些外部设备都是可以正常使用的。

注意 2.4

为什么这里要说"正常的程序运行环境"？举一个例子加以说明。假定刚加电，CPU 开始从 ROM 上读取指令。假定这台机器上没有 BIOS，Bootloader 被直接烧录在 ROM 中 (很多嵌入式环境就是这样做的)。这时，由于内存没有被初始化，整个 Bootloader 程序尚处于 ROM 中，程序中的全局变量也仍被存储在 ROM 上。而 ROM 是只读的，所以任何对于全局变量的赋值操作都是不允许的。因此，此时尚不能正常执行程序语言的一些功能。当内存被初始化后，Bootloader 将后续代码载入内存后，位于内存中的代码便能完整地使用程序语言的各类功能了。所以说，内存中的代码拥有了一个正常的程序运行环境。

GXemul 支持加载 ELF 格式内核，所以启动流程被简化为加载内核到内存，之后跳转到内核的入口，启动就完成了。这里要注意，之所以简单还有一个原因就在于 GXemul 本身是仿真器，是一种模拟硬件的软件而不是真正的硬件，所以就不需要面对传统的 Bootloader 所遇到的情况了。

2.3 修改 MOS 内核

本节将介绍如何修改内核并实现一些自定义的功能。

2.3.1　Makefile——内核代码的地图

当使用 ls 命令查看实验代码时，会发现似乎文件目录下内容很多，各个不同的目录虽可通过其名称大致了解它们各自的功用，但是逐一浏览各个文件还是有难度的。

这时可借助 Makefile 文件来解决问题。上一章已经对 Makefile 有了初步的了解，下面介绍如何构建为整个操作系统所用的顶层 Makefile,通过浏览这个文件可初步了解整个操作系统的布局。可以说，Makefile 就像源代码的地图，告诉我们源代码是如何一步一步成为最终的可执行文件的。代码 2.1 是实验代码最顶层的 Makefile，通过阅读它我们就能了解代码中很多宏观的信息。为了方便理解，这里简化了部分内容并加入了一些注释。

代码 2.1　顶层 Makefile

```
 1  include include.mk
 2  mos_elf         := target/mos # 这个是我们最终需要生成的 elf 文件
 3  modules         := init kern lib
 4  objects         := init/init.o \
 5                       kern/*.o \
 6                       lib/*.o # 定义了需要生成的各种文件
 7  link_script     := kernel.lds
 8  gxemul_flags    += -T -C R3000 -M 64
 9
10  .PHONY: all $(modules) clean
11
12  all: $(modules) mos     # 我们的 "最终目标"
13
14  mos: $(modules)     # 调用链接器 $(LD)
15      $(LD) -o $(mos_elf) -N -T $(link_script) $(objects)
16
17  $(modules):     # 进入各个子目录进行 make
18      $(MAKE) –directory=$@
19
20  clean:
21      for d in $(modules); do \
```

```
22              $(MAKE) --directory=$$d clean; \
23          done; \
24          rm -rf *.o *~$(mos_elf)
25
26  run:
27          gxemul $(gxemul_flags) $(mos_elf)
```

以上代码中第 2 ~ 7 行是 Makefile 中对变量的定义语句，它们定义了各个子模块的目录名 modules、最终的可执行文件的路径（mos_elf）和 Linker Script 的位置等。其中，最值得注意的两个变量分别是 modules 和 objects。modules 定义了内核所包含的所有模块，objects 则表示要编译内核所依赖的所有目标文件（*.o）。第 4、5 行行末的斜杠代表这一行没有结束，下一行的内容和这一行是连在一起的。这种写法可以把本该写在同一行的东西分布在多行中，使文件可读性更强。

> **注意 2.5**
>
> Linker Script 是用于指导链接器（linker，又称链接程序）将多个.o 文件链接成可执行目标文件的脚本。

第 10 行的.PHONY 表明列在其后的目标不受修改时间的约束。也就是说，一旦该规则被调用，则忽略 make 工具编译时有关时间戳的性质，无论依赖文件是否被修改，一定保证它被执行。

第 12 行定义 all 这一规则的依赖。all 代表整个项目，由此可以知道，构建整个项目依赖于构建好所有的模块以及 mos。那么 mos 是如何被构建的呢？紧接着的第 14 行定义了 mos 的构建依赖于所有的模块。在构建完所有模块后，将执行第 15 行的指令来产生 mos。可以看到，第 15 行调用了链接器将之前构建各模块产生的所有.o 文件在 Linker Script 的指导下链接到一起，产生最终的可执行文件。第 17 行定义了每个模块的构建方法为调用对应模块目录下的 Makefile。最后的第 20~24 行定义了如何清理所有被构建出来的文件。

> **注意 2.6**
>
> 一般在写 Makefile 时，习惯将第一个规则命名为 all，也就是构建整个项目的意思。如果调用 make 时没有指定目标，make 会自动执行第一个目标，所以把 all 放在第一个目标的位置上，可以使 make 命令默认构建整个项目，较为方便。

有一点需要注意，在编译指令中使用了 LD、MAKE 等变量，但是似乎从来没有定义过这些变量。那么这些变量定义在哪呢？

在第 1 行有一条 include 命令，可见这个顶层 Makefile 文件还引用了其他文件。被引用的文件如代码 2.2 所示。

代码 2.2　include.mk

```
CROSS_COMPILE := mips-linux-gnu-
CC              := $(CROSS_COMPILE)gcc
CFLAGS          += --std=gnu99 -EL -G 0 -mno-abicalls -fno-pic \
                   -ffreestanding -fno-stack-protector -fno-builtin \
                   -Wa,-xgot -Wall -mxgot -mfp32 -march=r3000
LD              := $(CROSS_COMPILE)ld
LDFLAGS         += -EL -G 0 -static -n -nostdlib --fatal-warnings
```

可见，LD 变量定义在 include.mk 文件中，而变量 MAKE 是 Makefile 中自带的变量。在 include.mk 文件中，看到一个非常熟悉的关键词——Cross Compile（交叉编译）。这里的 CROSS_COMPILE 变量是实际使用的编译器和链接器等工具的前缀，或者说是交叉编译器的具体位置。例如，在实验环境中，LD 最终调用的链接器是"mips-linux-gnu-ld"。通过修改该变量，就可以方便地设定交叉编译使用的工具链。

执行 make 指令，如果配置正确，则会在 target 目录下生成内核镜像文件 mos。

如果觉得每次用 GXemul 运行内核都需要输入很长的指令很麻烦，那么可以尝试利用 Makefile 中的目标 run，通过执行 make run 自动运行内核。

最后，简要总结实验代码中其他目录的组织以及其中的重要文件。

（1）根目录下还有 kernel.lds 文件，它是 Linker Script 文件，将在后续小节中详细讲解。

（2）init 目录中主要有两个代码文件：start.S 和 init.c，其作用是初始化内核。start.S 文件中的 _start 函数是 CPU 控制权被转交给内核后执行的第一个函数，主要工作是初始化 CPU 和栈指针，为之后的内核初始化做准备，最后跳转到 init.c 文件中定义的 mips_init 函数。在本章中，mips_init 函数只实现了简单的打印输出，而在之后的实验中会逐步添加新的内核功能，内核中各模块的初始化函数都会在这里被调用。

（3）include 目录中存储了系统头文件。在本章中需要用到的头文件是 mmu.h 文件，这个文件中有一张内存布局图，在填写 Linker Script 的时候需要根据这个图来设置相应节的加载地址。

（4）lib 目录存放了一些常用库函数，本章主要关注与格式化输出相关的函数。

（5）kern 目录中存放了内核的主体代码，本章主要关注与终端输出相关的函数。

2.3.2 ELF——深入探究编译与链接

至此，如果你尝试运行内核，你会发现根本无法运行。因为还有一些重要的步骤未做。但是在做这些之前，我们不得不补充一些重要的但又有些琐碎的知识。在这里，我们将掀开可执行文件的神秘面纱，进一步了解一段代码是如何从编译一步一步变成一个可执行文件以及可执行文件又是如何被执行的。

下面以代码 2.3 为例进行讲解。首先探究这样一个问题：含有多个 C 文件的工程是如何编译成一个可执行文件的？

代码 2.3　一个简单的 C 程序

```
#include <stdio.h>

int main()
{
    printf("Hello World!\n");
    return 0;
}
```

这段代码是 helloworld 程序，其功能很简单，就是输出字符串 "Hello World!"。那么，如何实现输出呢？ printf 的定义在哪里呢？ printf 位于标准库中，并不在用户 C 代码中。将标准库和用户编写的 C 文件编译成一个可执行文件的过程，与将多个 C 文件编译成一个可执行文件的过程相仿。因此，通过探究 printf 如何和用户的 C 文件编译到一起，来展示整个过程。在程序开头通过 include 引用了 stdio.h 头文件，下面给出 stdio.h 中关于 printf 的内容，见代码 2.4。

代码 2.4　stdio.h 中的 printf

```
/*
 *      ISO C99 Standard: 7.19 Input/output      <stdio.h>
 */

/* Write formatted output to stdout. */
```

This function is a possible cancellation point and therefore not
marked with _ _THROW.　*/

extern int printf (const char *_ _restrict _ _format, ···);

代码 2.4 展示了从当前系统的 stdio.h 中摘录出的与 printf 相关的部分。可以看到，所引用的 stdio.h 中只有 printf 的声明部分，并没有给出 printf 的定义。或者说，并没有 printf 的具体实现。没有具体的实现，究竟如何调用 printf 呢？

下面来一步一步探究，printf 的实现究竟被放在了哪里，又究竟在何时被插入到用户的程序中。首先，要求编译器只进行预处理（通过 -E 选项），而不编译。Linux 命令如下：

gcc -E 源代码文件名

可以使用重定向将上述命令输出重定向至文件，以便于观察输出情况，如下所示。

```
/* 由于原输出太长，这里只能留下很少很少的一部分。　*/
typedef unsigned char _ _u_char;

typedef unsigned short int _ _u_short;

typedef unsigned int _ _u_int;

typedef unsigned long int _ _u_long;


typedef signed char _ _int8_t;

typedef unsigned char _ _uint8_t;

typedef signed short int _ _int16_t;

typedef unsigned short int _ _uint16_t;

typedef signed int _ _int32_t;

typedef unsigned int _ _uint32_t;


typedef signed long int _ _int64_t;

typedef unsigned long int _ _uint64_t;


extern struct _IO_FILE *stdin;

extern struct _IO_FILE *stdout;
```

extern struct __IO__FILE *stderr;

extern int printf (const char *__restrict __format, ⋯);

int main ()
{
    printf ("Hello World!\n");
    return 0;
}

可以看到，C 语言的预处理器将头文件的内容添加到了源文件中，但同时也会发现，这里并没有关于 printf 这一函数的定义。

之后，将 gcc 的-E 选项换为-c 选项，只编译而不链接，产生一个同名的.o 目标文件。命令语法格式如下：

gcc -c 源代码文件名

对其进行反汇编 ①，反汇编并将结果导出至文本文件，命令语法格式如下：

objdump -DS 要反汇编的目标文件名 > 导出文本文件名

main 函数部分的结果如下：

hello.o:　　　　file format elf64-x86-64

Disassembly of section .text:

0000000000000000 <main>:

0:	55	push	%rbp
1:	48 89 e5	mov	%rsp, %rbp
4:	bf 00 00 00 00	mov	$0x0, %edi
9:	e8 00 00 00 00	callq	e <main+0xe>
e:	b8 00 00 00 00	mov	$0x0, %eax
13:	5d	pop	%rbp

---

① 为了便于重现，这里没有选择 MIPS，而选择了在流行的 x86-64 体系结构上进行反汇编。同时，由于 x86-64 的汇编是 CISC 汇编，看起来会更清晰一些。

```
    14：   c3                        retq
```

这里只需要注意中间那句 callq 即可，这一句是调用函数的指令。对照左侧的机器码，其中 e8 是 call 指令的操作码。根据 MIPS 指令的特点，e8 后面跟的应该是 printf 的地址，但这里本该填写 printf 地址的位置上被填写了一串 0。那个地址显然不可能是 printf 的地址。也就是说，直到这一步，printf 的具体实现依然不在用户程序中。

最后，允许 gcc 进行链接，也就是正常地编译出可执行文件。然后，再用 objdump 进行反汇编。命令语法格式如下，其中-o 选项用于指定输出的目标文件名，如果不设置则默认为 a.out。

gcc [-o 输出可执行文件名] 源代码文件名
objdump -DS 输出可执行文件名 > 导出文本文件名

反汇编结果如下：

hello：   file format elf64-x86-64

Disassembly of section .init:

```
00000000004003a8 <_init>:
    4003a8:   48 83 ec 08              sub    $0x8, %rsp
    4003ac:   48 8b 05 0d 05 20 00     mov    0x20050d（%rip）, %rax
    4003b3:   48 85 c0                 test   %rax, %rax
    4003b6:   74 05                    je     4003bd <_init+0x15>
    4003b8:   e8 43 00 00 00           callq  400400 <___gmon_start___@plt>
    4003bd:   48 83 c4 08              add    $0x8, %rsp
    4003c1:   c3                       retq
```

Disassembly of section .plt:

```
00000000004003d0 <puts@plt-0x10>:
    4003d0：   ff  35  fa  04  20  00    pushq  0x2004fa（%rip）
    4003d6：   ff  25  fc  04  20  00    jmpq   *0x2004fc（%rip）
    4003dc：   0f  1f  40  00            nopl   0x0（%rax）
```

```
00000000004003e0 <puts@plt>:
  4003e0:   ff 25 fa 04 20 00       jmpq   *0x2004fa（%rip）
  4003e6:   68 00 00 00 00          pushq  $0x0
  4003eb:   e9 e0 ff ff ff          jmpq   4003d0 <_init+0x28>


00000000004003f0 <__libc_start_main@plt>:
  4003f0:   ff 25 f2 04 20 00       jmpq   *0x2004f2（%rip）
  4003f6:   68 01 00 00 00          pushq  $0x1
  4003fb:   e9 d0 ff ff ff          jmpq   4003d0 <_init+0x28>


0000000000400400 <__gmon_start__@plt>:
  400400:   ff 25 ea 04 20 00       jmpq   *0x2004ea（%rip）
  400406:   68 02 00 00 00          pushq  $0x2
  40040b:   e9 c0 ff ff ff          jmpq   4003d0 <_init+0x28>
```

Disassembly of section .text：

```
0000000000400410 <main>:
  400410:   48 83 ec 08             sub    $0x8, %rsp
  400414:   bf a4 05 40 00          mov    $0x4005a4, %edi
  400419:   e8 c2 ff ff ff          callq  4003e0 <puts@plt>
  40041e:   31 c0                   xor    %eax, %eax
  400420:   48 83 c4 08             add    $0x8, %rsp
  400424:   c3                      retq


0000000000400425 <_start>:
  400425:   31 ed                   xor    %ebp, %ebp
  400427:   49 89 d1                mov    %rdx, %r9
  40042a:   5e                      pop    %rsi
  40042b:   48 89 e2                mov    %rsp, %rdx
  40042e:   48 83 e4 f0             and    $0xfffffffffffffff0, %rsp
```

```
400432:    50                          push   %rax
400433:    54                          push   %rsp
400434:    49 c7  c0  90  05  40 00    mov    $0x400590, %r8
40043b:    48 c7  c1  20  05  40 00    mov    $0x400520, %rcx
400442:    48 c7  c7  10  04  40 00    mov    $0x400410, %rdi
400449:    e8 a2  ff  ff  ff           callq  4003f0 <__libc_start_main@plt>
40044e:    f4                          hlt
40044f:    90                          nop
```

　　篇幅所限，这里尚未完整展示全部反汇编结果。可以看出，一个简单的 hello-world 程序被展开成如此"臃肿"的代码。关注反汇编结果，发现主函数里 callq 后面已经不再是一串 0 了，那里已经被填入了一个地址。从反汇编代码也可以看到，这个地址就在这个可执行文件里，就在被标记为 puts@plt 的那个位置上。虽然还不清楚其具体含义，但显然那就是 printf 的具体实现了。

　　由此不难推断，printf 的实现是在链接（link）这一步被插入最终的可执行文件的。printf 作为一个库函数，可被大量程序使用。因此，每次都将其编译一遍实在太浪费时间了。printf 的实现其实早就被编译成了二进制形式了。但此时，printf 并未链接到程序中，它的状态与利用-c 选项产生的 hello.o 相仿，都还处于未链接状态。而在编译的最后，链接器会将所有的目标文件链接在一起，将之前未填写的地址等信息填上，形成最终的可执行文件，这就是链接的过程。

　　对于拥有多个 C 文件的工程来说，编译器会先将所有的 C 文件以文件为单位，编译成.o 文件。最后再将所有的.o 文件以及函数库链接在一起，形成最终的可执行文件。整个过程如图 2.2 所示。

　　思考 2.1　请查阅并给出前述 objdump 中使用的参数的含义。使用其他体系结构的编译器（如课程平台的 MIPS 交叉编译器）重复上述各步编译过程，观察并在实验报告中提交相应的结果。

　　很自然地，读者可能会提出一个问题：链接器通过哪些信息来链接多个目标文件呢? 答案就是目标文件（也就是通过-c 选项生成的.o 文件）。在目标文件中，记录了代码各个段的具体信息。链接器通过这些信息来将目标文件链接到一起。而 ELF（executable and linkable format，可执行与可链接格式）正是 UNIX 上常用的一种目标文件格式。其实，不仅仅是目标文件，可执行文件也是使用 ELF 格式记录的。这一点通过 ELF 的全称也可以看出来。

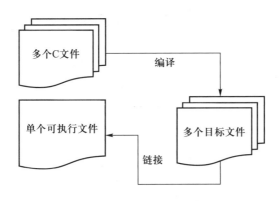

图 2.2 编译、链接的过程

ELF 文件是一种供可执行文件、目标文件和库使用的文件格式，与 Windows 下的 PE 文件格式类似。ELF 格式是 UNIX 系统实验室作为应用程序二进制接口（application binary interface，ABI）而开发和发布的，现在早已经是 Linux 下的标准格式了。.o 文件就是 ELF 所包含的三种文件类型中的一种，称为可重定位（relocatable）文件，其他两种文件类型分别是可执行（executable）文件和共享对象（shared object）文件，这两种文件都需要链接器对可重定位文件进行处理后才能生成。

使用 file 命令来获得文件的类型，如图 2.3 所示。

```
15061119@ubuntu: $ file a.o
a.o: ELF 32-bit LSB relocatable, Intel 80386, version 1 (SYSV), not stripped
15061119@ubuntu: $ file a.out
a.out: ELF 32-bit LSB shared object, Intel 80386, version 1 (SYSV), dynamically linked, BuildID[sha1]=0xf6dc027bfd1e8cd03b60b63ba2e7856614d0d4b2, not stripped
15061119@ubuntu: $ file a.so
a.so: ELF 32-bit LSB shared object, Intel 80386, version 1 (SYSV), dynamically linked, BuildID[sha1]=0xcbda03781956e54814a01c989c0ef44fb77b2c69, not stripped
```

图 2.3 file 命令

那么，ELF 文件中都包含哪些信息呢？简而言之，就是和程序相关的所有必要信息，图 2.4 说明了 ELF 文件的结构，ELF 文件从整体来说包含以下五部分。

（1）ELF 头：包括程序的基本信息，比如体系结构和操作系统，同时也包含了节头表和段头表相对文件的偏移量（offset）。

（2）段头表：主要包含程序中各个段的信息，段的信息在运行时使用。

（3）节头表：主要包含程序中各个节的信息，节的信息在程序编译和链接时使用。

（4）段头表中的每一个表项记录了该段数据载入内存时的目标位置等，记录了用于指导应用程序加载的各类信息。

（5）节头表中的每一个表项记录了该节程序的代码段、数据段等各个段的内容，主要供链接器在链接的过程中使用。

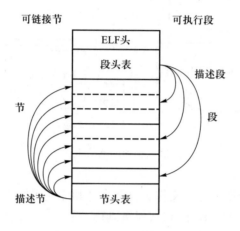

图 2.4　ELF 文件结构

观察图 2.4 可以发现，段头表和节头表指向了同样的地方，这意味着两者只是程序数据的两种视图。

（1）组成可重定位文件，参与可执行文件和可共享文件的链接，此时需使用节头表。

（2）组成可执行文件或者可共享文件，在运行时为加载器提供信息，此时需使用段头表。

前面介绍 ELF 文件的大体结构以及相应功能，下面通过阅读一个简易的、以小端（little-endian）形式存储的 32 位 ELF 文件解析程序，来进一步了解 ELF 文件各个部分的详细结构。

./readelf/kerelf.h 文件如下，仔细阅读其中的代码和注释

/* 文件的前面是各种变量类型定义，在此省略 */
/* The ELF file header. This appears at the start of every ELF file. */
/* ELF 文件的文件头。所有的 ELF 文件均以此为起始 */
#define EI_NIDENT（16）

typedef struct {

    unsigned char e_ident[EI_NIDENT];   /* Magic number and other info */

```
  // 存放魔数以及其他信息
  Elf32_Half    e_type;              /* Object file type */
  // 文件类型
  Elf32_Half    e_machine;           /* Architecture */
  // 机器架构
  Elf32_Word    e_version;           /* Object file version */
  // 文件版本
  Elf32_Addr    e_entry;             /* Entry point virtual address */
  // 入口点的虚拟地址
  Elf32_Off     e_phoff;             /* Program header table file offset */
  // 程序头表所在处与此文件头的偏移
  Elf32_Off     e_shoff;             /* Section header table file offset */
  // 节头表所在处与此文件头的偏移
  Elf32_Word    e_flags;             /* Processor-specific flags */
  // 针对处理器的标记
  Elf32_Half    e_ehsize;            /* ELF header size in bytes */
  // ELF 文件头的大小（单位为字节）
  Elf32_Half    e_phentsize;         /* Program header table entry size */
  // 程序头表项大小
  Elf32_Half    e_phnum;             /* Program header table entry count */
  // 程序头表项数量
  Elf32_Half    e_shentsize;         /* Section header table entry size */
  // 节头表项大小
  Elf32_Half    e_shnum;             /* Section header table entry count */
  // 节头表项数量
  Elf32_Half    e_shstrndx;          /* Section header string table index */
  // 节头字符串编号
} Elf32_Ehdr;

typedef struct
{
  // section name
  Elf32_Word sh_name;
```

```
    // section type
    Elf32_Word sh_type;
    // section flags
    Elf32_Word sh_flags;
    // section addr
    Elf32_Addr sh_addr;
    // offset from elf head of this entry
    Elf32_Off sh_offset;
    // byte size of this section
    Elf32_Word sh_size;
    // link
    Elf32_Word sh_link;
    // extra info
    Elf32_Word sh_info;
    // alignment
    Elf32_Word sh_addralign;
    // entry size
    Elf32_Word sh_entsize;
}Elf32_Shdr;

typedef struct
{
    // segment type
    Elf32_Word p_type;
    // offset from elf file head of this entry
    Elf32_Off p_offset;
    // virtual addr of this segment
    Elf32_Addr p_vaddr;
    // physical addr, in linux, this value is meanless and has same value of
    // p_vaddr
    Elf32_Addr p_paddr;
    // file size of this segment
    Elf32_Word p_filesz;
```

```
// memory size of this segment
Elf32_Word p_memsz;
// segment flag
Elf32_Word p_flags;
// alignment
Elf32_Word p_align;
}Elf32_Phdr;
```

通过阅读代码可以发现，ELF 文件头存储了关于 ELF 文件信息的结构体。结构体中存储了 ELF 的魔数，以验证这是一个有效的 ELF。在验证了这是个 ELF 文件之后，便可以通过 ELF 头中提供的信息，进一步解析 ELF 文件了。在 ELF 头中，提供了节头表的入口偏移，其含义是，假设 binary 为 ELF 的文件头地址，offset 为入口偏移，那么 binary + offset 即为节头表第一项的地址。

任务 2.1 阅读./readelf 目录中 kerelf.h、readelf.c 以及 main.c 三个文件中的代码，并填补 readelf.c 中缺少的代码，readelf 函数需要输出 ELF 文件的所有节头的序号和地址信息，对每个节头，输出格式为 "%d: 0x%x\n"，两个标识符分别代表序号和地址。正确完成 readelf.c 代码之后，在 readelf 目录下执行 make 命令，即可生成可执行文件 readelf，它接收文件名作为参数，对 ELF 文件进行解析。

> **注意 2.7**
>
> 阅读 Elf32_Shdr 这个结构体的定义。遍历每一个节头的方法是：先读取节头的大小，随后以第一个节头为基地址累加得到目标节头的地址。

完成上面的任务，相信你已经对 ELF 文件有了一个比较充分的了解。在完成任务 2.1 的过程中，生成可执行文件 readelf 并且想要运行时，如果不小心忘记输入 "./"，Linux 并没有给出 "command not found"，而是列出了一些帮助信息。原来这是因为在 Linux 系统中，有一个命令就是 readelf，它的使用格式是 "readelf <option (s) > elf-file (s)"，作用是显示一个或者多个 ELF 格式的目标文件的信息。我们可以通过它的选项来控制显示哪些信息。例如，执行 readelf -S testELF 命令，testELF 文件中各个节的详细信息将以列表的形式展示出来。还可以利用 readelf 工具来验证上面自己写的简易版 readelf 输出的结果是否正确。另外，可以使用 "readelf --help" 查看该命令各个选项及其对 ELF 文件的解析方式，以对 ELF 文件做更深入的了解。

思考 2.2　也许你会发现，自己编写的 readelf 程序并不能解析之前生成的内核文件（内核文件是可执行文件），而 Linux 自带命令 readelf 则可以解析，这是为什么呢？提示：尝试使用 readelf -h，观察不同之处。

实验最终生成的内核也是 ELF 格式的，被仿真器载入内存。因此，我们暂且只关注 ELF 是如何被载入内存并被执行的，而不再关心具体的链接细节。也就是说，前面的讨论旨在探索关于实验环境的编译、链接问题。在阅读完上面编译和 ELF 的说明后，应该已经明确了实验中如何编译、链接产生实验操作系统的 ELF 格式文件，也应该了解了 GXemul 可以运行 ELF 格式的内核。ELF 中有两个相似却不同的概念：段和节，之前已经提到过。

不妨来看一下，之前 helloworld 程序的各个段的形式。利用 readelf 工具可以方便地解析出 ELF 文件的内容。使用 -l 参数来查看各个段的信息，如下所示。

Elf　文件类型为　EXEC（可执行文件）

入口点 0x400e6e

共有 5 个程序头，开始于偏移量 64

程序头：

Type	Offset	VirtAddr	PhysAddr		
	FileSiz	MemSiz	Flags	Align	
LOAD	0x0000000000000000	0x0000000000400000	0x0000000000400000		
	0x00000000000b33c0	0x00000000000b33c0	R E	200000	
LOAD	0x00000000000b4000	0x00000000006b4000	0x00000000006b4000		
	0x0000000000001cd0	0x0000000000003f48	RW	200000	
NOTE	0x0000000000000158	0x0000000000400158	0x0000000000400158		
	0x0000000000000044	0x0000000000000044	R	4	
TLS	0x00000000000b4000	0x00000000006b4000	0x00000000006b4000		
	0x0000000000000020	0x0000000000000050	R	8	
GNU_STACK	0x0000000000000000	0x0000000000000000	0x0000000000000000		
	0x0000000000000000	0x0000000000000000	RW	10	

Section to Segment mapping:

段节……

00　　　.note.ABI-tag .note.gnu.build-id .rela.plt .init .plt .text

    __libc_freeres_fn __libc_thread_freeres_fn .fini .rodata __libc_subfreeres

    __libc_atexit __libc_thread_subfreeres .eh_frame .gcc_except_table

01   .tdata .init_array .fini_array .jcr .data.rel.ro .got .got.plt .data

.bss __libc_freeres_ptrs

02   .note.ABI-tag .note.gnu.build-id

03   .tdata .tbss

04

以上信息中，只需关注这样几个部分：Offset，代表该段数据相对于 ELF 文件的偏移；VirtAddr，代表该段最终需要被加载到内存的哪个位置；FileSiz，代表该段的数据在文件中的长度；MemSiz，代表该段的数据在内存中所占用空间大小；Section to Segment mapping，表明每个段各自包含的节。

注意 2.8

    MemSiz 永远大于或等于 FileSiz。若 MemSiz 大于 FileSiz，则操作系统在加载程序的时候，会首先将文件中记录数据加载到对应的 VirtAddr 处。之后，向内存中填 0，直到该段在内存中的大小达到 MemSiz 为止。那么为什么 MemSiz 有时候会大于 FileSiz 呢？这里举这样一个例子。C 语言中未初始化的全局变量，需要为其分配内存，但它又不需要被初始化成特定数据。因此，在可执行文件中也只记录它需要占用的内存（MemSiz），但在文件中却没有相应的数据（因为它并不需要初始化成特定数据）。故而在这种情况下，MemSiz 会大于 FileSiz。这也解释了，为什么 C 语言中全局变量会有默认值 0。这是因为操作系统在加载时将所有未初始化的全局变量所占的内存统一填 0。

    VirtAddr 是特别应注意的。由于它的存在，不难推测，GXemul 仿真器在加载内核时，是按照内核这一可执行文件中所记录的地址，将内核中的代码、数据等加载到相应位置，并将 CPU 的控制权交给内核。之前的内核之所以不能够正常运行，显然是因为内核所处的地址不正确。换句话说，只要能够将内核加载到正确的位置，内核就应该可以运行起来。

    进一步地，我们又发现了几个重要的问题。

    （1）前面讲到加载操作系统内核到正确的 GXemul 模拟物理地址时，讨论的是 Linux 实验环境呢，还是自己编写的操作系统本身呢？

    （2）什么是正确的位置？到底放在哪里才是正确的？

    （3）哪个段被加载到哪里这一信息是记录在编译器编译出来的 ELF 文件里的，怎么才能修改它呢？

　　在接下来的几节中，将讨论并解决以上三个问题。

2.3.3　MIPS 内存布局——寻找内核的正确位置

本节主要解决关于内核应该放置在哪里的问题。

　　程序中使用的地址与处理器真正发往总线的访存地址往往是不同的，程序中使用的地址一般称为虚拟地址（virtual address）、程序地址（program address）或者逻辑地址（logical address），而处理器发往总线的访存地址则称为物理地址（physical address）。从虚拟地址到物理地址的转换一般通过处理器中的存储管理部件（memory management unit，MMU）来完成。全部虚拟地址构成了虚拟地址空间。对于 32 位处理器来说，虚拟地址空间的大小一般为 4 GB。

　　本实验中，MIPS 体系结构的虚拟地址空间大小为 4 GB，将其划分为四个大区域，如图 2.5 所示。

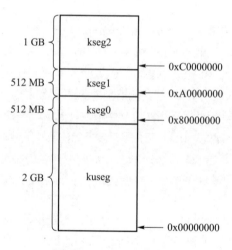

图 2.5　MIPS 内存布局

　　从硬件角度讲，这 4 个区域的具体情况如下。

　　（1）kuseg：地址为 0x00000000~0x7FFFFFFF（2 GB），这一段是用户态下唯一可用的地址空间（内核态下也可使用这段地址空间），也就是 MIPS 约定的用户内存空间。需要通过 MMU 中的地址转换后援缓冲器（translation lookaside buffer，TLB）进行虚拟地址与物理地址的变换。对这段地址的存取都会通过高速缓存（cache）来实现。

　　（2）kseg0：地址为 0x80000000~0x9FFFFFFF（512 MB），这一段是内核态下

可用的地址，MMU 将地址的最高位清零（&0x7FFFFFFF）就得到物理地址用于
访存。也就是说，这段的虚拟地址被连续地映射到物理地址的低 512 MB 空间。对
这段地址的存取都会通过高速缓存实现。

（3）kseg1：地址为 0xA0000000～0xBFFFFFFF（512 MB），与 kseg0 类似，这
段地址也是内核态下可用的地址，MMU 将虚拟地址的高三位清零（&0x1FFFFFFF）
就得到物理地址，可用于访存。这段虚拟地址也被连续地映射到物理地址的低 512 MB
空间。但是对这段地址的存取不通过高速缓存，往往在这段地址上使用内存映射输入输
出（memory-mapped I/O，MMIO，也称内存映射 I/O）技术来访问外设。

（4）kseg2：地址为 0xC0000000～0xFFFFFFFF（1 GB），这段地址只能在内
核态下使用并且需要 MMU 中 TLB 将虚拟地址转换为物理地址。对这段地址的存
取都会通过高速缓存实现。

MMU 需要操作系统进行配置管理，因此在载入内核时，用户不能选用需要通
过 MMU 转换的虚拟地址空间，这样内核就只能放在 kseg0 或 kseg1 了。而 kseg1
是不经过高速缓存的，如果将内核放在这里，会导致系统运行的速度极慢。所以综
上考虑，我们将内核放在 kseg0 中。至于上文提到 kseg0 在高速缓存未初始化前不
能使用，但这里又将内核放在 kseg0 段，这是因为在真实的系统中，Bootloader 在
载入内核前会由高速缓存实现初始化工作。

在 include/mmu.h 里，已存有 MOS 操作系统内核完整的内存布局图，如代码
2.5 所示，其中 KERNBASE 是内核代码段的起始虚拟地址。

代码 2.5　include/mmu.h 中的内存布局图

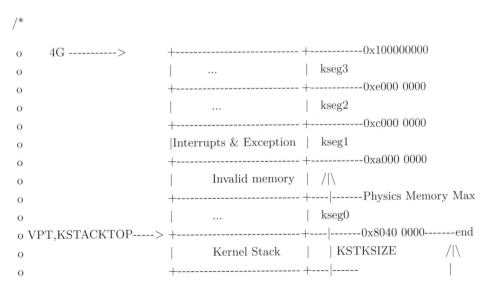

```
/*
 o     4G ----------->      +--------------------------- +-----------0x100000000
 o                          |        ...                 |  kseg3
 o                          +--------------------------- +-----------0xe000 0000
 o                          |        ...                 |  kseg2
 o                          +--------------------------- +-----------0xc000 0000
 o                          |Interrupts & Exception |  kseg1
 o                          +--------------------------- +-----------0xa000 0000
 o                          |    Invalid memory     |  /|\
 o                          +--------------------------- +----|-------Physics Memory Max
 o                          |        ...                 |  kseg0
 o VPT,KSTACKTOP----->      +---------------------------+----|-------0x8040 0000-------end
 o                          |    Kernel Stack       |  | KSTKSIZE          /|\
 o                          +--------------------------- +----|------                |
```

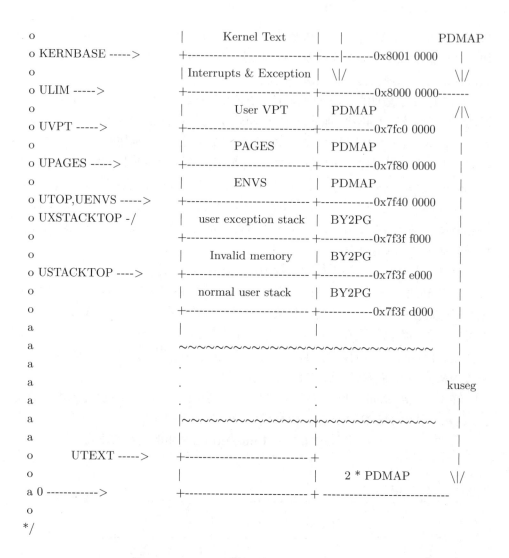

```
 o                             |       Kernel Text       |  |                    PDMAP
 o KERNBASE ----->            +-------------------------+----|-------0x8001 0000    |
 o                             | Interrupts & Exception  |  \|/                   \|/
 o ULIM ----->                +-------------------------+-----------0x8000 0000-------
 o                             |       User VPT          | PDMAP                 /|\
 o UVPT ----->                +-------------------------+-----------0x7fc0 0000    |
 o                             |        PAGES            | PDMAP                   |
 o UPAGES ----->              +-------------------------+-----------0x7f80 0000    |
 o                             |        ENVS             | PDMAP                   |
 o UTOP,UENVS ----->          +-------------------------+-----------0x7f40 0000    |
 o UXSTACKTOP -/              |  user exception stack   | BY2PG                   |
 o                            +-------------------------+-----------0x7f3f f000    |
 o                             |     Invalid memory      | BY2PG                   |
 o USTACKTOP ---->            +-------------------------+-----------0x7f3f e000    |
 o                             |    normal user stack    | BY2PG                   |
 o                            +-------------------------+-----------0x7f3f d000    |
 a                            |                         |                         |
 a                            ~~~~~~~~~~~~~~~~~~~~~~~~~~~~                          |
 a                            .                         .                         |
 a                            .                         .                      kuseg
 a                            .                         .                         |
 a                            |~~~~~~~~~~~~~~~~~~~~~~~~~~~~~~~~~~~~~~~~~~~~~~~~~~~~~~~|
 a                            |                         |                         |
 o        UTEXT ----->        +-------------------------+                         |
 o                            |                         |      2 * PDMAP        \|/
 a 0 ------------>            +-------------------------+ --------------------------
 o
 */
```

2.3.4   Linker Script——控制加载地址

在确定了内核的正确位置后，只需要想办法让内核加载到那里（把编写的操作系统放到模拟硬件的某个物理位置）就能正确执行了。之前在分析 ELF 文件时曾提过，编译器在生成 ELF 文件时就已经记录了各节所需加载的位置。同时，我们也发现，最终的可执行文件实际上是由链接器产生的（它将多个目标文件链接产生最终可执行文件）。因此，现在需要做的，就是控制链接器的链接过程。

接下来，要引入 Linker Script。链接器的设计者们面临这样一个问题：不同平台的 ABI 不一样，怎样才能提升链接器的通用性，使它能应用于各个不同的平台生成可执行文件呢？于是，就有了 Linker Script。Linker Script 记录了各个节应该如何映射到段，以及各个段应该被加载的位置。下面的命令可以输出默认的链接脚本，可以在自己的机器上尝试执行以下命令：

ld -verbose

这里，再补充关于 ELF 文件中节的概念。在链接过程中，目标文件被看成节的集合，并使用节头表来描述各个节的组织形式。换句话说，节记录了链接过程中需要的信息。其中最为重要的三个节为.text、.data、.bss。这三个节的意义是必须掌握的。

.text 节：保存可执行文件的操作指令。

.data 节：保存已初始化的全局变量和静态变量。

.bss 节：保存未初始化的全局变量和静态变量。

以上的描述比较抽象，下面通过一个实验来进一步了解。编写一个用于输出代码段、全局已初始化变量和全局未初始化变量地址的代码（如代码 2.6 所示），观察其运行结果与 ELF 文件中记录的.text、.data 和.bss 节相关信息之间的关系。

代码 2.6　用于输出各 section 地址的程序

```c
#include <stdio.h>

char msg[]="Hello World!~n";
int count;

int main()
{
    printf("%X~n",msg);
    printf("%X~n",&count);
    printf("%X~n",main);

    return 0;
}
```

该程序的一个可能的输出如下 ①。

___
① 在不同机器上运行，结果会有一定的差异。

user@debian ~/Desktop $ ./program

80D4188

80D60A0

8048AAC

在 ELF 文件中，记录的各节相关信息如下（为了突出重点，这里只保留我们所关注的部分节信息）。

共有 29 个节头，从偏移量 0x9c258 开始：

节头：

[Nr] Name	Type	Addr	Off	Size	ES	Flg	Lk	Inf	Al
[4] .text	PROGBITS	08048140	000140	0620e4	00	AX	0	0	16
[22] .data	PROGBITS	080d4180	08b180	000f20	00	WA	0	0	32
[23] .bss	NOBITS	080d50c0	08c0a0	00136c	00	WA	0	0	64

由以上信息可清晰地知道，.text 包含了可执行文件中的代码，.data 包含了需要被初始化的全局变量和静态变量，而.bss 包含了未初始化的全局变量和静态变量。

接下来，尝试通过 Linker Script 来调整各节的位置。这里，选用 GNU LD 帮助文档中的例子，该例子的完整代码如下所示：

```
SECTIONS
{
    . = 0x10000;
    .text : { * ( .text ) }
    . = 0x8000000;
    .data : { * ( .data ) }
    .bss : { * ( .bss ) }
}
```

在第三行的 "." 是一个特殊符号，用来做定位计数器，它根据输出节的大小变化。在 SECTIONS 命令开始的时候，它的值为 0。通过设置 "." 即可设置下面各节的起始地址。"*" 是一个通配符，可匹配所有相应的节。例如，".bss：{ * (.bss) }" 表示将所有输入文件中的.bss 节（右边的.bss）都放到输出的.bss 节（左边的.bss）中。为了能够通过编译（这个脚本过于简单，难以用于链接真正的程序），将实验代码简化如下：

```
char msg[]="Hello World!\n";
int count;

int main ()
{
    return 0;
}
```

编译并查看生产的可执行文件中各节的信息，如下所示。

user@debian ~/Desktop $ gcc -o test test.c -T test.lds -nostdlib -m32
user@debian ~/Desktop $ readelf -S test
共有 11 个节头，从偏移量 0x2164 开始：

节头：

[Nr] Name	Type	Addr	Off	Size	ES	Flg	Lk	Inf	Al
[2] .text	PROGBITS	00010000	001000	000018	00	AX	0	0	1
[5] .data	PROGBITS	08000000	002000	00000e	00	WA	0	0	1
[6] .bss	NOBITS	08000010	00200e	000004	00	WA	0	0	4

可以看到，在使用了自定义的 Linker Script 以后，生成的程序中各个节的位置就被调整到了指定的地址上。段是由节组合而成的，节的地址被调整了，那么段的最终地址也会相应变化。至此，我们就了解了如何通过 lds 文件来控制各节被加载的位置。

任务 2.2 填写 kernel.lds 中空缺的部分，在 Lab1 中，只需要填补.text、.data 和.bss 节，将内核调整到正确的位置上即可。

注意 2.9

通过查看内存布局图，可找到.text 节的加载地址了，.data 和.bss 只需要紧随其后即可。思考如此安排.data 和.bss 节的原因。注意 lds 文件编辑时"="两边需留空格。

那么，链接后的程序从何处开始执行呢？程序执行的第一条指令称为程序入口（entry point），在 Linker Script 中可以通过 ENTRY（）指令来设置程序入口。Linker 中程序入口的设置方法有以下五种：

（1）使用 ld 命令时，通过参数 "-e" 设置；

（2）在 Linker Scirpt 中使用 ENTRY 指令指定程序入口；

（3）如果定义了 start，则 start 就是程序入口；

（4）.text 节的第一个字节；

（5）地址 0 处。

阅读实验代码，思考在本实验中，采用了何种方式来指定程序的入口。

思考 2.3　由相关理论知识可知，MIPS 体系结构上电时，启动入口地址为 0xBFC00000（其实启动入口地址是根据具体型号而定的，由硬件逻辑确定，也有可能不是这个地址，但一定是一个确定的地址），但 MOS 操作系统实验的内核入口并没有设置为上电启动地址，而是按照内存布局图放置。思考：为什么这样放置内核还能保证内核入口被正确跳转到？提示：思考实验中启动过程的两阶段分别由谁执行。

2.4　MIPS 汇编与 C 语言

在这一节中，将简单介绍 MIPS 汇编以及常见的 C 语言语法与汇编的对应关系。在操作系统编程中，不可避免地要接触汇编语言。我们经常需要从 C 语言中调用一些汇编语言写成的函数，或者反过来，从汇编跳转到 C 函数执行。为了能够实现这些功能，需要了解 C 语言与汇编之间的联系。

针对以下样例代码 2.7，介绍典型的 C 语言中语句对应的汇编代码。

代码 2.7　样例程序

```
1   int fib(int n)
2   {
3       if (n == 0 || n == 1) {
4           return 1;
5       }
6       return fib(n-1) + fib(n-2);
7   }
8
9   int main()
10  {
11      int i;
```

```
12    int sum = 0;
13    for (i = 0; i < 10; ++i) {
14        sum += fib(i);
15    }
16
17    return 0;
18 }
```

2.4.1 循环与判断

这里你可能会产生一个疑问，样例代码里只有循环语句，并没有判断语句呀。事实上，由于 MIPS 汇编中没有循环这样的高级结构，所有的循环均是采用判断加跳转语句实现的，所以这里将循环语句和判断语句放在一起进行分析。分析代码的第一步，就是要将循环等高级结构用判断加跳转的方式来替代。例如，代码 2.7 第 13~15 行的循环语句，其最终的实现可能就如下面的 C 代码所展示的形式。

```
      i = 0;
      goto CHECK；
FOR：sum += fib（i）；
      ++i;
CHECK：if（i < 10）goto FOR；
```

编译样例程序 ①，观察其反汇编代码。对照汇编代码和前面展示的 C 代码，基本就能够看出其对应关系，如下所示。这里，将对应的 C 代码标记在反汇编代码右侧。

```
400158：  sw    zero, 16（s8）           #    sum = 0;
40015c：  sw    zero, 20（s8）           #    i = 0;
400160：  j     400190 <main+0x48>     #    goto CHECK;
400164：  nop                          # --------------------
400168：  lw    a0, 20（s8）            #    FOR:
40016c：  jal   4000b0 <fib>           #
400170：  nop                          #
```

---

① 为了生成更简单的汇编代码，采用了 -nostdlib、-static、-mno-abicalls 这三个编译参数。

```
400174:     move  v1, v0              #     sum += fib（i）;
400178:     lw    v0, 16（s8）         #
40017c:     addu  v0, v0, v1          #
400180:     sw    v0, 16（s8）         #
400184:     lw    v0, 20（s8）         # -------------------
400188:     addiu v0, v0, 1           #     ++i;
40018c:     sw    v0, 20（s8）         # -------------------
400190:     lw    v0, 20（s8）         # CHECK:
400194:     slti  v0, v0, 10          #     if（i < 10）
400198:     bnez  v0, 400168 <main+0x20># goto FOR;
40019c:     nop
```

再将右边的代码与样例代码 2.7 对应，就能够大致知道每一条汇编语句所对应的原始的 C 代码了。可以看出，判断和循环主要采用 slt、slti 判断两数间的大小关系，再结合 b 类型指令根据对应条件进行跳转。以这些指令为突破口，我们就能大致识别出循环结构、分支结构了。

2.4.2　函数调用

注意 2.10

注意区分函数的调用者和被调用者。

这里选用样例程序中的 fib 函数来介绍函数调用相关的内容。fib 函数是一个递归函数，因此，它在函数调用过程中既是调用者，同时也是被调用者。下面详细讲解如何调用一个函数，以及一个被调用的函数应当做些什么工作。

首先将整个函数调用过程用高级语言表示如下。

```
int fib（int n）
{
    if（n == 0）goto BRANCH;
    if（n != 1）goto BRANCH2;
BRANCH: v0 = 1;
    goto RETURN;
BRANCH2: v0 = fib（n-1）+ fib（n-2）;
```

RETURN：return v0；

}

然后，分析并汇编代码。相较于 C 语言源代码，汇编代码中多出了很多代码行，例如，在函数开头的 sw，结尾处的 lw。这些语句的作用是什么呢？

004000b0 ＜fib＞：

```
4000b0：      27bdffd8     addiu    sp，sp，-40
4000b4：      afbf0020     sw       ra，32（sp）
4000b8：      afbe001c     sw       s8，28（sp）
4000bc：      afb00018     sw       s0，24（sp）
# 中间暂且掠过，只关注一系列 sw 和 lw 操作。
400130：      8fbf0020     lw       ra，32（sp）
400134：      8fbe001c     lw       s8，28（sp）
400138：      8fb00018     lw       s0，24（sp）
40013c：      27bd0028     addiu    sp，sp，40
400140：      03e00008     jr       ra
400144：      00000000     nop
```

fib 函数是递归函数。在 C 语言中，递归过程和栈这种数据结构有着很多相似之处，函数的递归过程就好像栈的后入先出过程。每一次递归操作就仿佛将当前函数的所有变量和状态压入了一个栈中 ①，待到返回时再从栈中弹出来，"一切"都保持原样。

在上面汇编代码的函数开头处，编译器添加了一组 sw 操作，就是将所有当前函数需要用到的寄存器原有的值全部保存到内存中 ②。而在函数返回之前，编译器再加入一组 lw 操作，将值发生变化的寄存器全部恢复为原有的值。

从栈的操作角度看，编译器在函数调用的前后添加了一组压栈（push）和弹栈（pop）操作，即保存了函数的当前状态。在函数的开始处，编译器首先减小 sp 指针的值，为栈分配空间，并将需要保存的值放置在栈中。当函数要返回时，编译器再增加 sp 指针的值，释放栈空间。同时，恢复之前被保存的寄存器原有的值。这就是 C 语言的函数调用和栈有着很大相似性的原因：在函数调用过程中，编译器自动

---

① 这里压入栈的状态通常称为"栈帧"，栈帧中保存了该函数的返回地址和局部变量。

② 其实这样说并不准确，后面会看到，有些寄存器的值是由调用者负责保存的，有些是由被调用者保存的。但这里为了理解方便，姑且认为被调用的函数保存了调用者的所有状态。

为用户维护了一个栈。那么也不难理解，为什么复杂函数在递归层数过多时会导致程序崩溃，也就是我们常说的"栈溢出"。

> **注意 2.11**
>
> ra 寄存器存放了函数的返回地址，用于被调用函数结束时返回到调用者调用它的地方。但是否可以将这个返回点设置为其他函数的入口，以使该函数在返回时直接进入另一个函数，而不是回到调用者那里呢？一个函数调用了另一个函数，而返回时，返回到第三个函数中，这是不是也是一种很有价值的编程模型呢？感兴趣的读者可以自行了解函数式程序设计中的通信概念（推荐阅读 "Functional Programming For The Rest Of Us" 一文），目前很多新流行起来的语言中都引入了类似的想法。

前面介绍了一个函数作为被调用者做了哪些工作，下面再来看看，作为函数的调用者需要做些什么，比如如何调用一个函数，如何传递参数，又如何获取返回值。在 fib 函数调用 fib（n-1）和 fib（n-2）时，编译器生成的汇编代码如下。①

```
lw      $2, 40（$fp）    # v0 = n;
addiu   $2, $2, -1      # v0 = v0 - 1;
move    $4, $2          # a0 = v0; // 即 a0=n-1
jal     fib             # v0 = fib（a0）;
nop                     #

move    $16, $2         # s0 = v0;
lw      $2, 40（$fp）    # v0 = n;
addiu   $2, $2, -2      # v0 = n - 2;
move    $4, $2          # a0 = v0; // 即 a0=n-2
jal     fib             # v0 = fib（a0）;
nop                     #

addu    $16, $16, $2    # s0 += v0;
sw      $16, 16（$fp）   #
```

---

① 为了便于理解，这里采用汇编代码，而不是反汇编代码。注意，fp 和上面反汇编出的 s8 其实是同一个寄存器，只是有两个名字而已。

这里将汇编对应的语义用 C 语言标明在右侧。可以看到，调用一个函数就是将参数存放在 a0~a3 寄存器中（暂且不关心参数非常多的函数会如何处理），然后使用 jal 指令跳转到相应的函数中。函数的返回值会被保存在 v0、v1 寄存器中，通过这两个寄存器的值来获取返回值。

2.4.3 通用寄存器使用约定

为了和编译器等程序相互配合，编程时需要遵循一些使用约定。这些约定与硬件无关，硬件并不关心寄存器的具体用途。这些约定是为了让不同的软件协同工作而制定的。MIPS 中一共有 32 个通用寄存器（general purpose register），其用途如表 2.1 所示。

表 2.1　MIPS 通用寄存器

寄存器编号	助记符	用途
0	zero	值总是为 0
1	at	（汇编暂存寄存器）一般由汇编器作为临时寄存器使用
2、3	v0、v1	用于存放表达式的值或函数的整型、指针类型返回值
4~7	a0~a3	用于函数传参。其值在函数调用的过程中不会被保存。若函数参数较多，多出来的参数会采用栈进行传递
8~15	t0~t7	用于存放表达式值的临时寄存器，其值在函数调用的过程中不会被保存
16~23	s0~s7	保存寄存器，这些寄存器中的值在经过函数调用后不变
24、25	t8、t9	用于存放表达式值的临时寄存器，其值在函数调用的过程中不会被保存。当调用地址无关函数（position independent function）时，25 号寄存器必须存放被调用函数的地址
26、27	k0、k1	仅被操作系统使用
28	gp	全局指针和内容指针
29	sp	栈指针
30	fp 或 s8	保存寄存器（同 s0~s7）。也可用作帧指针
31	ra	函数返回地址

其中，只有 16~23 号寄存器和 28~30 号寄存器的值在函数调用前后是不变的 [①]。对于 28 号寄存器有一个特例，当调用地址无关代码（position independent code）时，28 号寄存器的值是不被保存的。

除了这些通用寄存器之外，还有一个特殊的寄存器：PC 寄存器。这个寄存器

---

① 请注意，这里的不变并不意味着它们的值在函数调用的过程中不能被改变，只是指它们的值在函数调用后和函数调用前是一致的。

存储了当前要执行的指令的地址。当在 GXemul 仿真器上调试内核时，根据 PC 寄存器的值，就能够知道当前内核在执行哪一条代码，或者触发中断的代码是哪一条等。

2.5　从零开始搭建 MOS

2.5.1　从 make 开始

前面介绍了构建内核时需要先进行编译，然后进行链接，才能得到 MOS 内核。

在本节的开头，首先提出四个问题供思考：内核入口在什么地方？main 函数在什么地方？怎么让内核进入 main 函数？怎么实现跨文件调用函数？在接下来的小节中，这些问题会一一得到解答。

在前面的章节中已简单介绍了实验中使用的 Makefile，Makefile 的代码如下 [①]。

all：$（modules）mos

mos：$（modules）
　$（LD）-o $（mos_elf）-N -T $（link_script）$（objects）
#　　　　tips：add instruction here for your running

$（modules）：
　$（MAKE）--directory=$@

在控制台输入 make 后，会执行 Makefile 的第一个目标 all，这时会先执行 all 目标的依赖项，也就是 $（modules）和 mos。

首先执行 $（modules），这时转到后面的 $（modules）目标，对 $（modules）中各变量执行一次 $（MAKE）--directory=$@。这里的 $@ 是目标的完整名称，在这里就是 $（modules）中的模块名，如 kern 等。

这时便可看到形如 make[1]：Entering directory '/home/git/xxxxxxxx/boot' 这样的输出，这是在切换工作目录，而 $（MAKE）--directory=$@ 的执行效果与手动切换到模块工作目录后再调用 make 是一致的 [②]。

---

① 代码中形如 $（···）的变量均可以在 Makefile 及其依赖的 include.mk 中找到。
② 对于每个目录内的 Makefile，流程大致相同，对于每个目标，先运行所有依赖项，再运行目标的命令。

在完成了所有 $(modules)目标的构建后，开始执行 mos 的构建。由于 mos 的依赖项前面已经执行完成，因此直接进入命令的执行。这里执行 $(LD) -o $(mos_elf) -N -T $(link_script) $(objects)。

首先是 $(LD)，即调用链接器。这里使用的-o、-N、-T 参数，可以使用 ld --help 查看它们的含义 ①。该命令的作用是，使用 $(link_script) 对 $(objects)进行链接，输出位置为 $(mos_elf)。

至此，内核便成功地生成了，可以在 $(mos_elf) 下查看具体的内核文件了。这时，便可以输入命令，运行内核了。

注意 2.12

到这里，可以回答本节一开始提出的第一个问题：内核入口在什么地方？由前面内核生成的过程可知，使用 $(link_script) 来生成内核，在 kernel.lds 文件中，ENTRY（_start）命令指示了内核的入口。那么 _start 具体是什么呢？这会在后面的小节中加以介绍。

2.5.2 LEAF、NESTED 和 END

仔细阅读 kernel.lds 文件中 ENTRY（_start）命令旁的注释可知，这是为了把入口设置为 _start 这个函数。那么，这个函数是什么呢？

在实验代码的根目录下运行命令 grep -r _start *，对文件内容进行查找，可发现在 init/start.S 中含有 LEAF（_start）这样的代码。这里，LEAF 其实是一个宏定义，就类似使用.macro 定义的宏。下面介绍 LEAF、NESTED 和 END 这三个宏。

注意 2.13

阅读 LEAF 等宏定义的时候，我们会发现这些宏的定义是一系列以. 开头的指令。这些指令不是 MIPS 汇编指令，而是汇编程序伪指令，主要是在编译时用来指示目标代码的生成。在 R3000 手册中可以查阅到这些汇编程序伪指令。

执行 grep 命令进行查找，可以在 include/asm/asm.h 中发现这三个宏定义。下面给出 LEAF 和 NESTED 的宏定义，这两个宏的内容基本一致，仅在最后一行有区别。

---

① 这里建议运行实验使用的链接器，可以在 include.mk 中查看使用的链接器的位置。

```
1   #define  LEAF（symbol）                              \
2           .globl       symbol;                        \
3           .align       2;                             \
4           .type        symbol, @function;             \
5           .ent         symbol, 0;                     \
6   symbol:.frame        sp, 0, ra
7
8   #define NESTED（symbol, framesize, rpc）             \
9           .globl       symbol;                        \
10          .align       2;                             \
11          .type        symbol, @function;             \
12          .ent         symbol, 0;                     \
13  symbol:.frame        sp, framesize, rpc
```

下面逐行来理解这些宏定义。

第 1、8 行是声明定义 LEAF、NESTED 宏，后面括号中的 symbol 类似于函数的参数，编译时在宏中会将 symbol 替换为实际传入的文本。

第 2、9 行中.globl 的作用是"使标签对链接器可见"，这样在其他文件中也可以引用 symbol 标签，其他文件就可以调用已用宏定义声明的函数了。

第 3、10 行中.align 的作用是"使下面的数据按地址对齐"，这一行语句使下面的 symbol 标签按 4 B 对齐（参数 x 代表以 2^x 字节对齐），从而可使用 jal 指令跳转到这个函数（末尾拼接两位 0）。

第 4、11 行中.type 的作用是设置 symbol 标签的类别，在这里设置了 symbol 标签为函数标签。

第 5、12 行中.ent 的作用是标记每个函数的开头，需要与.end 配对使用。这些标记方便程序员在调试时查看调用链。

第 6、13 行的开头便是 symbol 标签了，后面的.frame 的用法如下。

.frame framereg, framesize, returnreg

第一个参数 framereg 是用于访问栈帧的寄存器，通常使用栈寄存器 sp，在创建栈帧时，sp 寄存器自减，栈空间向低地址扩展一段内存用于存储栈帧。

第二个参数 framesize 是栈帧占用的存储空间大小。

第三个参数 returnreg 是存储函数执行完的返回地址的寄存器。通常，传入 $0 表示返回地址存储在栈帧空间中，在不需要返回的函数中传入 $ra 表示返回地址存储在 $ra 寄存器（$31）中。

> **注意 2.14**
>
> 在使用 .frame 时，会涉及"栈帧"概念，每个栈帧对应一个未运行完的函数。栈帧中保存了该函数的返回地址和局部变量。
>
> 通常来说，栈帧的作用包括但不限于存储函数的返回地址、存储调用方的临时变量与中间结果、向被调用方传递参数等。

通过对比可以发现，LEAF 宏和 NESTED 宏的区别就在于 LEAF 宏定义的函数在被调用时没有分配栈帧空间，而 NESTED 宏在被调用时分配了栈帧空间，用于记录自己的"运行状态"。

下面来看 END 宏，如下所示。

```
#define END（function）                        \
    .end        function;                      \
    .size       function，.-function
```

第一行声明定义 END 宏，与 LEAF、NESTED 类似。

第二行的 .end 是为了与先前 LEAF 或 NESTED 声明中的 .ent 配对，标记了 symbol 函数的结束。

第三行的 .size 标记了 function 符号占用的存储空间大小，将 function 符号占用的空间大小设置为 .-function，. 代表了当前地址，由当前位置的地址减去 function 标签处的地址即可计算出符号占用的空间大小。

2.5.3 _start 函数

理解了 LEAF 的意义之后，再来看 _start 函数，下面是 _start 函数的代码。

```
1  EXPORT（_start）
2  .set at
3  .set reorder
```

```
4              /* disable interrupts */
5              mtc0      zero, CP0_STATUS
6
7              /*hint: you can reference the memory layout in include/mmu.h*/
8              /* set up the kernel stack */
9              /* Exercise 1.2: Your code here. (1/2) */
10
11             /* jump to mips_init */
12             /* Exercise 1.2: Your code here. (2/2) */
```

第一行声明 _start 函数，第二、三行的.set 允许汇编器使用 at 寄存器，也允许对接下来的代码进行重排序，第五行禁用了外部中断。

接下来需要填补的就是比较重要的部分了。首先，需要将 sp 寄存器设置为内核栈空间的位置，随后跳转到 mips_init 函数。内核栈空间的地址可以在 include/mmu.h 中查到。这里稍做提醒，请注意栈的扩展方向。栈指针设置完后，就具备了执行 C 语言代码的条件，因此，接下来的工作就可以交给 C 代码来完成了。所以，在 _start 的最后，调用 C 代码的主函数，正式进入内核的 C 语言部分。

任务 2.3　补全 init/start.S 中空缺的部分。设置栈指针，跳转到 mips_init 函数。

执行命令 gxemul -E testmips -C R3000 -M 64 target/mos ，其中 target/mos 是我们构建生成的内核 ELF 镜像文件的路径。

在实验中，也可以运行 make run 以启动仿真器，或运行 make dbg 以在调试模式下运行 GXemul。

> **注意 2.15**
>
> mips_init 函数虽然为 C 语言所书写，但是在被编译成汇编指令之后，其入口点会被翻译为一个符号，类似于汇编中的标签：
>
> ```
> main:
>     ...
> ```

至此，本节开始处提出的问题都得到了解答。通过执行 grep 命令，可以在 init/init.c 中发现 mips_init 函数。在汇编程序中，通过执行 jal 或 j 等跳转指令跳转到函数符号对应的地址，也就是指令的存储地址来实现函数的调用。在链接时，链接器会对目标文件中的符号进行重定位，使跳转指令中的地址指向正确的函数，从而实现跨文件的函数调用，因此我们在代码中也可以跨文件使用这些符号。

2.6　实战 printk

在学习、了解了前面的内容后，本节要进行一番实战，在内核中实现一个 printk 函数。在平时程序设计中常常用到 printf 函数，你可能觉得 printf 函数是由语言本身提供的，但其实不是，printf 是由 C 语言的标准库提供的。而 C 语言的标准库是建立在操作系统基础之上的。所以，在开发操作系统时，如果不能支持 C 语言标准库，则需要自己开发实现几乎所有细节。

要弄懂内核如何将信息输出到控制台上，需要阅读以下三个文件：kern/printk.c、lib/print.c 和 kern/console.c。

（1）kern/console.c 文件负责向 GXemul 控制台输出字符，其原理为读写某一个特殊的内存地址。

（2）kern/printk.c 文件实现了 printk，但其所做的，实际上是把输出字符的函数、接收的输出参数传递给 vprintfmt 这个函数。

（3）lib/print.c 文件实现了 vprintfmt 函数，它实现了格式化输出的主体逻辑。

为了便于理解，下面来梳理这几个文件之间的关系。kern/printk.c 定义了 printk 函数。仔细观察就可以发现，这个函数并没有直接实现输出，它只是把接收的参数以及 outputk 函数指针传入 vprintfmt 这个函数中。如下所示。

```
void printk（const char *fmt, … ）{
    va_list ap;
    va_start（ap, fmt）;
    vprintfmt（outputk, NULL, fmt, ap）;
    va_end（ap）;
}
```

读者可能对函数参数中的省略部分以及 va_list、va_start、va_end 比较陌生。在使用 printk 时，为什么可以有时只输出一个字符串，有时又可以一次输出好多变量呢？实际上，这是由 C 语言函数变长参数实现的，接下来简单介绍变长参数的使用方法。

简单来讲，当函数参数列表支持变长参数时，由于需要定位变长参数表的起始位置，函数需要包含至少一个固定参数，且变长参数必须放置于参数表的末尾。

stdarg.h 头文件为处理变长参数表定义了一组宏和变量类型，如下所示：

（1）va_list：变长参数表的变量类型；

（2）va_start（va_list ap, lastarg）：初始化变长参数表的宏；

（3）va_arg（va_list ap, 类型）：取变长参数表下一个参数的宏；

（4）va_end（va_list ap）：结束使用变长参数表的宏。

在带变长参数表的函数内使用变长参数表前，需要先声明一个类型为 va_list 的变量 ap，然后用 va_start 宏进行一次初始化：

va_list ap;

va_start（ap, lastarg）;

其中，lastarg 为该函数最后一个命名的形式参数。在初始化后，每次可以使用 va_arg 宏获取一个形式参数，该宏也会同时修改 ap 以便下次被调用时返回当前获取参数的下一个参数。例如：

int num;

num = va_arg（ap, int）;

va_arg 的第二个参数为本次获取参数的类型，如上述代码就从参数列表中取出一个 int 型变量。

在所有参数处理完毕后，在退出函数前，需要调用一次 va_end 宏以结束变长参数表的使用。

上述变长参数使用方法转述于 *C Programming Language*（KER NIGHAN B W, RITCHIE D M, 2nd ed, Pearson, 1988）一书。由于 stdarg.h 在不同平台上实现不同，这里不介绍其底层实现，有兴趣的读者可以自行查找相关资料。

下面来看 outputk 这个函数，这个函数功能是输出一个字符串：

```
void outputk（void *data, const char *buf, size_t len）{
        for（int i = 0; i < len; i++）{
                printcharc（buf[i]）;
        }
}
```

可以发现，outputk 函数的核心是调用了一个名为 printcharc 的函数。可以在

kern/console.c 中找到 printcharc 的定义：

```
void printcharc（char ch）{
        *（（volatile char *）（0xA0000000 + DEV_CONS_ADDRESS +
        DEV_CONS_PUTGETCHAR））= ch;
}
```

从以上代码可以看出，想让控制台输出一个字符，实际上是向某一个内存地址写入一串数据。

前面已提过，printk 函数实际上只是把相关信息传入 vprintfmt 函数，该函数代码尚不完整，因而还不能执行 printk 函数。

在 vprintfmt 中，定义了一些需要使用的变量。有几个变量需要重点了解其含义：

```
int width;      // 标记输出宽度
int long_flag;  // 标记是否为 long 型
int neg_flag;   // 标记是否为负数
int ladjust;    // 标记是否左对齐
char padc;      // 填充多余位置所用的字符
```

可以发现，vprintfmt 函数的主体是一个没有终止条件的无限循环，这肯定是不对的，这就是我们需要填补的地方。在这个循环中，主要有两个逻辑部分，第一部分，找到格式符%，并分析输出格式；第二部分，根据格式符分析结果进行输出。

所谓格式符，就是在使用 printf 输出信息时常见的%ld、%-b、%c 等字符串，它们在实际输出时会被替换为相应输出格式的变量的值。第一部分的工作就是解析 fmt 格式字符串，如果是不需要转换成变量的字符，那么就直接输出；如果碰到了格式字符串的结尾，就意味着本次输出结束，停止循环；如果碰到%，那么就要按照 printf 规格要求解析格式符、分析输出格式，用上述变量记录本次变量输出要求，例如是要左对齐还是右对齐，是不是 long 型，是否有输出宽度限制等，然后进入第二部分。

记录完输出格式，第二部分需要做的就是按照格式输出相应的变量的值。这部分逻辑比较简单，先根据格式符进入相应的输出分支，然后取出变长参数中下一个参数，按照输出格式输出这个变量，输出完成后，继续回到循环开头，重复第一部分，直到整个格式字符串被解析和输出完成。

　　任务 2.4　阅读相关代码和下面对于函数规格的说明,补全 lib/print.c 中 vprintfmt 函数两处缺失的部分以实现字符输出。第一处缺失部分：找到 % 并分析输出格式；第二处缺失部分：取出参数,输出格式串为 "%[flags][width] [length] <specifier>"。具体格式详见 printk 格式具体说明。

2.7　实验正确结果

　　按前面所述实施实验，若在 GXemul 看到如下输出信息，则说明顺利完成了 Lab1 实验。

init.c：　　　　　mips_init () is called

2.8　如何退出 GXemul

　　退出 GXemul 有两种方法，一是按 Ctrl+C 键中断模拟，二是输入 quit 退出仿真器。

　　注意区分退出仿真器和把仿真器挂在后台这二者的不同之处，仿真器是相当占用系统资源的。

　　如果不小心按 Ctrl+Z 键把仿真器挂到了后台，或是不确定自己是否把挂起的进程关掉，可以执行 jobs 命令观察后台正在运行的作业。如果发现有多个仿真器正在运行，则可以使用 fg 命令把 GXemul 作业调至前台，然后使用 Ctrl+Z 组合键将其关闭，也可以执行 kill 命令直接将其杀死。有兴趣的读者可以自行了解 Linux 后台进程管理的知识。

第 3 章 内存管理

本章相关实验任务在 MOS 操作系统实验中简记为 Lab2。

> **注意 3.1**
>
> 建议参阅 R3000 文档相关内容。

3.1 实验目的

1. 了解 MIPS R3000 的访存流程与内存映射布局。
2. 掌握并实现物理内存的管理方法（链表法）。
3. 掌握并实现虚拟内存的管理方法（两级页表）。
4. 掌握 TLB 清除与重填的流程。

在本书的实验中，将两级页表放置于内存（内核数据结构）中，在程序需要访问虚拟地址时（通过中断机制）将两级页表填入 TLB。由于尚未建立中断异常的处理程序，因此本实验着重于维护两级页表，而根据两级页表来填写 TLB 的例程已经在 kern/genex.S 中直接给出了。

3.2 R3000 访存流程概览

R3000 是后续所有实验均使用的 MIPS CPU，了解其各种特性有助于读者对实验的理解。下面将简略介绍 R3000 的访存流程。

3.2.1 CPU 发出地址

CPU 运行程序时会发送地址并根据地址进行内存读写操作。在计算机组成原理等硬件类课程实验中，CPU 通常直接发送物理地址，这是为了简化内存操作，将关注点聚焦于 CPU 内部的计算与控制逻辑。而在本书操作系统实验中，R3000 CPU 发出的是虚拟地址。

思考 3.1　请根据上述说明，回答问题：在编写的 C 程序中，指针变量中存储的地址是虚拟地址，还是物理地址？MIPS 汇编程序中 lw 与 sw 使用的是虚拟地址，还是物理地址？

3.2.2　虚拟地址映射

在 R3000 上，需要先将虚拟地址映射为物理地址，随后使用物理地址来访问内存。与本实验相关的映射与寻址规则（内存布局）如图 3.1 所示。

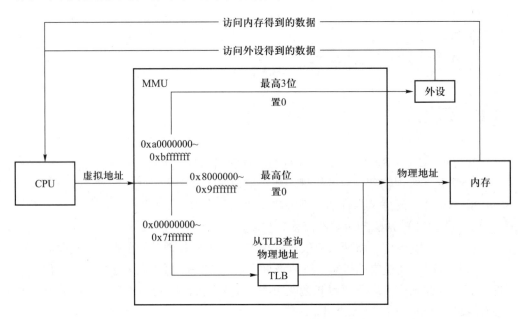

图 3.1　内存、TLB 与内存的关系

（1）若虚拟地址处于 0x80000000~0x9fffffff（kseg0），则将虚拟地址的最高位置 0 得到物理地址，通过高速缓存访存。这一部分用于存放内核代码与数据结构。

（2）若虚拟地址处于 0xa0000000~0xbfffffff（kseg1），则将虚拟地址的最高 3 位置 0 得到物理地址，不通过高速缓存访存。这一部分可以用于映射外设。

（3）若虚拟地址处于 0x00000000~0x7fffffff（kuseg），则需要通过 TLB 来获取物理地址，通过高速缓存访存。

在 R3000 中，使用 MMU 来完成上述地址映射，MMU 采用硬件 TLB 来完成地址映射。在 R3000 中，需要通过软件来填写 TLB 。所有低 2 GB 空间的内存访问操作都需要经过 TLB。

3.3 内核程序启动

Lab1 已经实现了跳转到 main 函数，因此下面将从 main 函数开始对 Lab2 内存管理相关内容进行介绍。从相关代码可以看到，在 main 函数中调用了 mips_init 函数，该函数声明位于 include/pmap.h 中，实现位于 init/init.c 中。mips_init 函数按顺序分别调用了如下五个函数：

（1）mips_detect_memory ()：作用是探测硬件可用内存，并对一些和内存管理相关的变量进行初始化；

（2）mips_vm_init ()：作用是为内存管理机制做准备，建立一些用于管理的数据结构；

（3）page_init ()：实现位于 kern/pmap.c 中，作用是初始化 Page 结构体以及空闲链表；

（4）physical_memory_manage_check ()：作用是检测实验中填写的代码是否正确，实际上与内存管理的整体启动流程无关；

（5）page_check ()：作用是检测实验填写的代码是否正确。

在接下来的小节中，将重点介绍前两个函数。

3.3.1 mips_detect_memory 函数

mips_detect_memory 函数的实现位于 kern/pmap.c 中，作用是探测硬件可用内存，并对一些和内存管理相关的变量进行初始化。在开机之后，操作系统首先会探测硬件的可用内存。本实验在仿真器上运行，由于没有真正的硬件，因此这一部分流程仅通过对变量的赋值来模拟对可用内存的探测。

在该函数中初始化的变量包括：

（1）memsize：表示物理地址的最大值 +1，即 [0, memsize–1] 范围内所有整数所组成的集合等于物理地址的集合；

（2）basemem：表示物理内存对应的字节数；

（3）npage：表示总物理页数。

（4）extmem：表示扩展内存的大小。

任务 3.1 请参考代码注释，实现 mips_detect_memory 函数。
在实验中直接通过为变量赋值完成对内存的探测。

在 MOS 实现中，物理内存的大小为 64 MB，页的大小为 4 KB，扩展内存的大小为 0。

3.3.2　mips_vm_init 函数

mips_vm_init 函数的实现位于 kern/pmap.c 中。在探测完可用内存后，将开始建立内存管理机制。

为了建立内存管理机制，需要用到 alloc 函数，它同样位于 kern/pmap.c 中。

在没有页式内存管理机制时，操作系统也需要建立一些数据结构来管理内存，这就涉及内存空间的分配。alloc 函数的功能就是分配内存空间（在建立页式内存管理机制之前使用）。

alloc 的实现代码如下。

```
static void *alloc ( u_int n, u_int align, int clear ) {
  extern char end[];
  u_long alloced_mem;
  /* Initialize 'freemem' if this is the first time. The first virtual address that
    * the linker did *not* assign to any kernel code or global variables. */
  if ( freemem == 0 ) {
    freemem = ( u_long ) end; // end
  }
  /* Step 1: Round up 'freemem' up to be aligned properly */
  freemem = ROUND ( freemem, align );
  /* Step 2: Save current value of 'freemem' as allocated chunk. */
  alloced_mem = freemem;
  /* Step 3: Increase 'freemem' to record allocation. */
  freemem = freemem + n;
  // We're out of memory, PANIC !!
  if ( PADDR ( freemem ) >= memsize ) {
    panic ( "out of memory" );
  }
  /* Step 4: Clear allocated chunk if parameter 'clear' is set. */
  if ( clear ) {
    memset (( void * ) alloced_mem, 0, n );
```

```
    }
    /* Step 5：return allocated chunk. */
    return（void *）alloced_mem;
}
```

这段代码的作用是分配 n 字节的空间并返回初始的虚拟地址，同时将地址按 align 字节对齐（保证 align 可以整除初始虚拟地址），若 clear 为真，则将对应内存空间的值清零，否则不清零。

注意 3.2

看到这里，读者可能有一个疑问：现在还没有建立内存管理机制，那么如何操作内存呢？

这是因为可通过 kseg0 段地址直接操作物理内存。虽然实验一直在操作像 0x80xxxxxx 这样的虚拟地址，由于 kseg0 段的性质，操作系统可以通过这一段地址来直接操作物理内存，从而逐步建立内存管理机制。例如，当写虚拟地址 0x80012340 时，事实上是在写物理地址 0x12340。

可以回顾前面 3.2.2 节"虚拟地址映射"，其中提到，只有 kuseg 段的虚拟地址才需要通过 MMU 转换获得物理地址后访存。这里要实现的内存管理工作，正是使处于 kuseg 段的用户程序能够正常工作。

下面详细解释该函数的实现。

（1）extern char end[]：这是一个定义在该文件之外的变量，它位于 Lab1 完成的 kernel.lds 中：

```
. = 0x80400000；
end = . ；
```

也就是说，该变量对应虚拟地址是 0x80400000，在建立内存管理机制时，本实验都是通过 kseg0 来访问内存的。根据映射规则，0x80400000 对应的物理地址是 0x400000。

在物理地址 0x400000 的前面，存放着操作系统内核的代码和定义的全局变量或数组（还额外保留了一些空间）。接下来将从物理地址 0x400000 开始分配物理内存，用于建立管理内存的数据结构。

（2）u_long alloced_mem：这是用于存放"已分配的物理内存空间的首地址"的变量。

（3）在 if（freemem == 0）{···} 语句中，freemem 是一个全局变量，初值为 0，第一次调用该函数将其赋值为 end。

这个变量作用是表明小于 freemem 对应物理地址的物理内存都已经被分配了。例如，freemem = 0x80400000 表示物理地址 0x400000 之前的物理内存空间 [0x0, 0x400000) 都已经被分配了。

（4）在语句 freemem = ROUND（freemem, align）中，ROUND（a, n）是一个定义在 include/types.h 的宏，作用是返回 $\left\lceil \dfrac{a}{n} \right\rceil n$（将 a 按 n 向上对齐），要求 n 必须是 2 的非负整数次幂。这行代码的含义是找到 freemem 之上最小的、空闲的、按 align 对齐的初始虚拟地址，中间未用到的地址空间全部放弃。实际上是查找一段空闲的、起始地址与 align 对齐的内存空间。

注意 3.3

与之相对，include/types.h 还有另一个宏 ROUNDDOWN（a, n），它的作用是返回 $\left\lfloor \dfrac{a}{n} \right\rfloor n$（将 a 按 n 向下对齐），同样要求 n 必须是 2 的非负整数次幂。

（5）alloced_mem = freemem 是将 alloced_mem 赋值为"将要分配的存储空间的起始地址"。例如，alloced_mem = 0x80409000，其作用是将要分配的存储空间的物理地址设置为 0x409000。

（6）freemem = freemem + n，前面根据 freemem 设置了"将要分配的存储空间的起始地址"，此处将向后长度为 n 的这一段空间分配出去，分配后需要将"已分配的存储空间的末尾地址"赋值给"将要分配的存储空间的起始地址"。

（7）if（PADDR（freemem）>= memsize）{···} 中 PADDR（x）是一个返回虚拟地址 x 所对应物理地址的宏，它定义在 include/mmu.h 中，该宏要求 x 必须是 kseg0 中的虚拟地址，这部分的虚拟地址只需要将最高位清零就可以得到 kseg0 段虚拟地址对应的物理地址。

这段代码的含义是检查分配的空间是否超出了最大物理地址，若是则报错。

（8）if（clear）{⋯} 的功能是，如果 clear 为真，则使用 memset 函数将这一部分内存清零，memset 函数的实现位于 lib/string.c，实现方法类似于 memcpy 函数。

（9）return（void *）alloced_mem 返回初始虚拟地址。

3.3.3 mips_vm_init 函数

mips_vm_init 函数的作用是实现内存管理数据结构的空间分配。 代码如下：

```
void mips_vm_init () {
    pages = ( struct Page * ) alloc ( npage * sizeof ( struct Page ), BY2PG, 1 );
}
```

mips_vm_init 函数使用 alloc 函数为物理内存管理所用到的 Page 结构体按页分配物理内存，设 npage 个 Page 结构体的大小为 n，一页的大小为 m，由上述函数分析可知分配的大小为 $\left\lceil \dfrac{n}{m} \right\rceil m$。

3.4 物理内存管理

MOS 中的内存管理使用页式内存管理，采用链表法管理空闲物理页框。

在实验中，内存管理的代码位于 kern/pmap.c 中。函数的声明位于 include/pmap.h 中。

3.4.1 链表宏

在后续实验中会用到链表，因此 MOS 使用宏对链表的操作进行了封装。这部分功能非常有用，设计技巧应用广泛，需要仔细阅读代码并深入理解。

链表宏的定义位于 include/queue.h 中，它实现了双向链表功能，如图 3.2 所示。下面将对一些主要的宏进行解释。

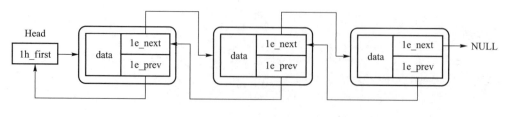

图 3.2　双向链表

（1）LIST_HEAD（name，type）：创建一个名称为 name 的链表头部结构体，包含一个指向 type 类型结构体的指针，这个指针可以指向链表的首个元素。

（2）LIST_ENTRY（type）：作为一个特殊的"类型"出现，例如可以进行如下的定义：

LIST_ENTRY（int）a；

它的本质是一个链表项，包括指向下一个元素的指针 le_next 以及指向前一个元素链表项的指针 le_prev。le_prev 是一个指针的指针，它的作用是当删除一个元素时，更改前一个元素链表项的 le_next。

（3）LIST_EMPTY（head）：判断头部结构体 head 对应的链表是否为空。

（4）LIST_FIRST（head）：返回头部结构体 head 对应的链表的首个元素。

（5）LIST_INIT（head）：将头部结构体 head 对应的链表初始化，等价于将首个元素清空。

（6）LIST_NEXT（elm，field）：结构体 elm 包含的名为 field 的数据，类型是一个链表项 LIST_ENTRY（type），返回其指向的下一个元素。下面出现的 field 含义均和此相同。

（7）LIST_INSERT_AFTER（listelm，elm，field）：将 elm 插到已有元素 listelm 之后。

（8）LIST_INSERT_BEFORE（listelm，elm，field）：将 elm 插到已有元素 listelm 之前。

（9）LIST_INSERT_HEAD（head，elm，field）：将 elm 插到头部结构体 head 对应链表的头部。

（10）LIST_INSERT_TAIL（head，elm，field）：将 elm 插到头部结构体 head 对应链表的尾部。

（11）LIST_REMOVE（elm，field）：将 elm 从对应链表中删除。

C++ 使用 stack<T> 来定义一个类型为 T 的栈，Java 使用 HashMap<K，V>

来定义一个键类型为 K 且值类型为 V 的哈希表。这种模式称为泛型，C 语言并不支持泛型，因此需要通过宏来实现泛型。

任务 3.2 补充实现 include/queue.h 中空缺的函数，包括 LIST_INSERT_AFTER 和 LIST_INSERT_TAIL。

LIST_INSERT_AFTER 的功能是将一个元素插入已有元素之后，可以仿照 LIST_INSERT_BEFORE 函数来实现。

LIST_INSERT_TAIL 的功能是将一个元素插入链表尾部，由于没有记录链表的尾指针，因此该函数的实现和 LIST_INSERT_HEAD 有很大区别，请注意区分。

思考 3.2 请思考下述两个问题。

（1）从可重用性的角度阐述用宏来实现链表的好处。

（2）查看实验环境中的文件 /usr/include/sys/queue.h，了解其中单向链表与循环链表的实现，将它们与本实验使用的双向链表进行比较，分析它们在插入与删除操作上的性能差异。

3.4.2 页控制块

接着回到物理内存管理，MOS 中维护了 npage 个页控制块，也就是 Page 结构体。每一个页控制块都对应一页物理内存，注意这个结构体所在的物理内存并不是它所管理的物理内存，MOS 用这个结构体按页实现物理内存的分配。

注意 3.5

npage 个 Page 和 npage 个物理页面一一顺序对应，具体来说，npage 个 Page 的起始地址为 pages，则 pages[i] 对应从 0 开始计数的第 i 个物理页面。两者的转换可以使用 include/pmap.h 中的 page2pa 和 pa2page 这两个函数实现。

思考 3.3 请阅读 include/queue.h 以及 include/pmap.h，梳理 Page_list 的结构，选择正确的展开结构。

A:
```
struct Page_list{
    struct {
        struct {
            struct Page *le_next;
            struct Page **le_prev;
```

```
            }* pp_link;
            u_short pp_ref;
        }* lh_first;
    }


    B：
    struct Page_list{
        struct {
            struct {
                struct Page *le_next;
                struct Page **le_prev;
            } pp_link;
            u_short pp_ref;
        } lh_first;
    }


    C：
    struct Page_list{
        struct {
            struct {
                struct Page *le_next;
                struct Page **le_prev;
            } pp_link;
            u_short pp_ref;
        }* lh_first;
    }
```

　　将空闲物理页对应的 Page 结构体全部插入一个链表，该链表称为空闲链表，就是 page_free_list。

　　当一个进程需要分配内存时，将空闲链表头部的页控制块对应的那一页物理内存分配出去，同时将该页控制块从空闲链表的头部删去。

　　当一页物理内存使用完毕（准确来说，引用次数为 0）时，将其对应的页控制块重新插入空闲链表的头部。

Page 结构体定义位于 include/pmap.h 中，代码如下：

typedef LIST_ENTRY（Page）Page_LIST_entry_t；

struct Page {
    Page_LIST_entry_t pp_link；/* free list link */

    // Ref is the count of pointers（usually in page table entries）
    // to this page. This only holds for pages allocated using
    // page_alloc. Pages allocated at boot time using pmap.c's "alloc"
    // do not have valid reference count fields.

    u_short pp_ref；
}；

其中，Page_LIST_entry_t 定义为 LIST_ENTRY（Page），因此 pp_link 即为对应的链表项；pp_ref 对应这一页物理内存被引用的次数，它表示有多少虚拟页映射到该物理页。

3.4.3 其他相关函数

在 include/pmap.h 中可以看到若干个以 page_ 开头的函数。其中，有关物理内存管理的函数有 4 个，分别用来初始化物理页面管理、分配物理页面、减少物理页面引用、回收物理页面到空闲页面链表。它们的实现均位于 kern/pmap.c 中。

（1）page_init：它实现了以下功能：
- 利用链表相关宏初始化 page_free_list；
- 将已使用的空间按页对齐；
- 将 mips_vm_init 中用到的、与空间对应的物理页面的页控制块的引用次数全部标为 1。
- 最后将剩下的物理页面的引用次数全部标为 0，并将它们对应的页控制块插入 page_free_list。

启动过程首先初始化了空闲页面链表，用于存储"未被使用"的页控制块。这样可以记录哪些页面没有被使用，哪些页面被使用了。当申请存储空间时，就可以从未被使用的页面中分配一页来使用。

为什么要按页对齐呢？因为在后面分配内存的时候，都是以整页为单位来分配的，所以物理地址需要按页对齐，例如 0x1000～0x1fff 为一页。这样原 freemem 所在页（如果是已经使用的页面）的剩余空间就应该算作"已分配"的空间。为了后续能够正确地按页分配存储空间，这里需要对 freemem 进行对齐。

同时，在该函数中也是 freemem 变量最后一次被使用。在 mips_vm_init 函数执行完毕后，alloc 函数就不会再被调用了，在此之后的"分配空间"操作都是通过 page_alloc 函数来完成的，该函数会在后面进行介绍。

接下来，对使用过的页面标记引用次数，表示该页面被引用 1 次（可以通过已建立的页控制块数组访问）。将未被使用过的页面的页控制块加入空闲页面链表，供后续分配。

任务 3.3　实现 page_init 函数。提示如下。

- 使用链表初始化宏 LIST_INIT。
- 将 freemem 按照 BY2PG 进行对齐（使用 ROUND 宏为 freemem 赋值）。
- 将 freemem 以下页面对应的页控制块中的 pp_ref 标为 1。
- 将其他页面对应的页控制块中的 pp_ref 标为 0，并使用 LIST_INSERT_HEAD 将其插入空闲链表。

（2）page_alloc（struct Page **pp）：它的作用是将 page_free_list 空闲链表头部页控制块对应的物理页面分配出去，将其从空闲链表中移除，并清空对应的物理页面，最后将 pp 指向的空间赋值为这个页控制块的地址。

任务 3.4　完成 page_alloc 函数。

在 page_init 函数运行完毕后，在 MOS 中如果想申请存储空间，都是通过这个函数来实现的。该函数的逻辑可以简单表述如下。

- 如果空闲链表没有可用页了，返回异常值。
- 如果空闲链表有可用的页，取出第一页；初始化后，将该页对应的页控制块的地址放到调用者指定的地方。

补全代码时，可能需要使用链表宏 LIST_EMPTY 或函数 page2kva。

（3）page_decref（struct Page *pp）：作用是令 pp 对应页控制块的引用次数减 1，如果引用次数为 0 则会调用下面的 page_free 函数将对应物理页面重新设置为空闲页面。

（4）page_free（struct Page *pp）：它的作用是判断 pp 指向页控制块对应的物理页面引用次数是否为 0，若为 0 则该物理页面为空闲页面，将其对应的页控制块重新插入 page_free_list。

注意 3.6

page_decref 和 page_free 函数关系密切。当且仅当用户程序主动放弃某个页面或用户程序执行完毕退出回收所有页面时,才会调用 page_decref 来减少页面的引用,当页面引用被减为 0 时会回收该页面。

任务 3.5 完成 page_free 函数。一种可供参考的框架如下。

```
void page_free ( struct Page *pp ) {
    if ( pp->pp_ref == 0 ) {
        /* I. insert this item into 'page_free_list' */
        return;
    } else if ( pp->pp_ref > 0 ) return;  // in use

    panic ( "pp_ref is less then 0" );
}
```

提示:使用链表宏 LIST_INSERT_HEAD。

3.4.4 正确结果展示

执行 make test lab=2_1 && make run 编译、运行内核,显示如下信息即通过物理内存管理的单元测试。

The number in address temp is 1000

physical_memory_manage_check () succeeded

The number in address temp is 1000

physical_memory_manage_check_strong () succeeded

3.5 虚拟内存管理

前面已经提到过,MOS 采用 PADDR 与 KADDR 这两个宏就可以对位于 kseg0 的虚拟地址和对应的物理地址进行转换。而对位于 kuseg 的虚拟地址,MOS 采用两级页表结构对其进行地址转换。

3.5.1　两级页表结构

MOS 采用两级页表结构，第一级表称为页目录（page directory），第二级表称为页表（page table）。为避免歧义，下面用一级页表指代页目录，二级页表指代页表。

相较于单级页表机制，两级页表机制是将虚拟页号进一步分为两部分。具体来说，对于一个 32 位的虚存地址，从 0 开始从低到高编号，其中第 22~31 位表示的是一级页表项偏移量，第 12~21 位表示的是二级页表项偏移量，第 0~11 位表示的是页内偏移量。

include/mmu.h 文件提供了两个宏以快速获取偏移量，PDX（va）可以获取虚拟地址 va 的第 22~31 位，PTX（va）可以获取虚拟地址 va 的第 12~21 位。

访问虚拟地址时，先根据一级页表基地址和一级页表项的偏移量，查找对应的一级页表项，得到对应的二级页表的物理页号，再根据二级页表项的偏移量找到所需的二级页表项，进而得到该虚拟地址对应的物理页号。

两级页表结构的地址交换机制如图 3.3 所示，具体流程如下。

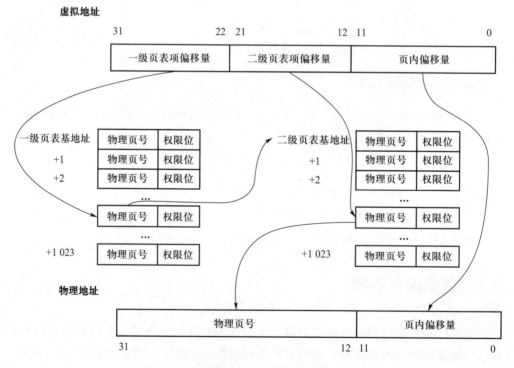

图 3.3　两级页表结构的地址变换机制

MIPS R3000 发出的地址均为虚拟地址，因此如果想访问某个物理地址，需要先将该物理地址转换为虚拟地址后再访问。在 MOS 页表 kseg0 中，对页表进行操作时也处于内核态，因此需要使用宏 KADDR 来完成转换。

在 MOS 中，无论是一级页表还是二级页表，它们的结构都是一样的，只是每个页表项记录的物理页号含义有所不同。每个页表均由 1 024 个页表项组成，每个页表项均由 32 位组成，包括 20 位物理页号以及 12 位标志位。由于每个页表项最后都会填入 TLB，因此标志位的定义规范和 EntryLo 寄存器的规范相同（详见第 3.7.1 节）。每个页表所占的空间为 4 KB，恰好为一个物理页面的大小。

由于一个页表项可以恰好可由一个 32 位整数来表示，因此可以使用 Pde 来表示一个一级页表项，用 Pte 来表示一个二级页表项，这两者的本质都是 u_long 类型，它们对应的 typedef 位于 include/mmu.h 文件中。

例如，设 pgdir 是一个 Pde 类型的指针，表示一个一级页表的基地址，那么使用 pgdir + i 即可得到偏移量为 i 的页表项地址。

这里再回顾一下 TLB 的功能。在 MOS 中，通过页表进行地址变换时，硬件只会查询 TLB，如果查找失败，就会触发 TLB 缺失，对应的异常中断处理就会对 TLB 进行重填。需要特别注意的是，由于没有启用该功能，因此上述过程在本实验中无法测试出来，但需要读者了解 MIPS 的地址变化原理。与 TLB 相关的详细内容会在下面介绍。

使用 tlb_invalidate 函数可以实现删除特定虚拟地址的映射，每当页表被修改时，就需要调用该函数以保证下次访问该虚拟地址时诱发 TLB 重填以保证访存的正确性。

除此之外，在一般的操作系统中，若物理页已全部被映射，此时若有新的虚拟页需要映射到物理页，那么就需要将一些物理页置换到硬盘中，选择哪个物理页实现置换的算法就称为页面置换算法，例如先进先出（first in first out，FIFO）算法和最近最少使用（least recently used，LRU）算法。

然而在 MOS 中，对这一过程进行了简化，一旦物理页全部被分配完，有新的映射需求时就不会进行任何的页面置换，而是直接返回错误，即在对应 page_alloc 函数中返回 -E_NO_MEM。

3.5.2 与页表相关的函数

下面介绍几个与页表相关的函数。

由前面一节介绍已知，页表项的 12 位标志位规范和 EntryLo 寄存器的规范相同（见 EntryLo 寄存器），起到了访问物理页面时权限控制的作用。

实验中用宏来表示页表项的权限位。注意，这些宏与 EntryLo 寄存器中的位存在一定命名差异，比如，EntryLo 中的 D，实际上对应着本实验的页表项权限位 PTE_D。

在后续实验中，会进一步了解这些页表项权限，所以这里只介绍一些常用权限位的具体含义。

（1）PTE_V：有效位，若某页表项的有效位为 1，则该页表项中高 20 位就是对应的物理页号。

（2）PTE_D：可写位，若某页表项的可写位为 1，则可经由该页表项对物理页进行写操作。

（3）PTE_COW：写时复制位，将在 Lab4 中用到，通过该权限位实现了 fork 的写时复制机制。在本实现中可以忽略。

（4）PTE_LIBRARY：共享页面位，将在 Lab6 中用到，用于实现管道机制，在本实验中可以忽略。

1. 二级页表检索函数

int pgdir_walk（Pde *pgdir，u_long va，int create，Pte **ppte）

该函数将一级页表基地址 pgdir 对应的两级页表结构中 va 虚拟地址所在的二级页表项的指针存储到 ppte 指向的空间中。如果 create 不为 0 且对应的二级页表不存在，则会使用 page_alloc 函数分配一页物理内存用于存放二级页表，如果分配失败则返回错误码。

该函数的图解流程如图 3.4 中的深灰色部分所示。注意，此图适用于 walk 和 map、insert 系列函数，其中深灰色部分是 walk，浅灰色部分是 map、insert。

任务 3.6　完成 pgdir_walk 函数。

该函数的作用是：给定一个虚拟地址，在给定的页目录中查找这个虚拟地址对应的物理地址，如果存在这一虚拟地址对应的页表项，则返回这一页表项的地址；如果不存在这一虚拟地址对应的页表项（不存在这一虚拟地址对应的二级页表，即这一虚拟地址对应的页目录项为空或无效），则根据传入的参数创建二级页表，或返回空指针。

注意，这里可能会在页目录表项无效且 create 为真时，使用 page_alloc 创建一个页表，此时应维护申请得到的物理页的 pp_ref 字段。

2. 增加地址映射函数

int page_insert（Pde *pgdir，struct Page *pp，u_long va，u_int perm）

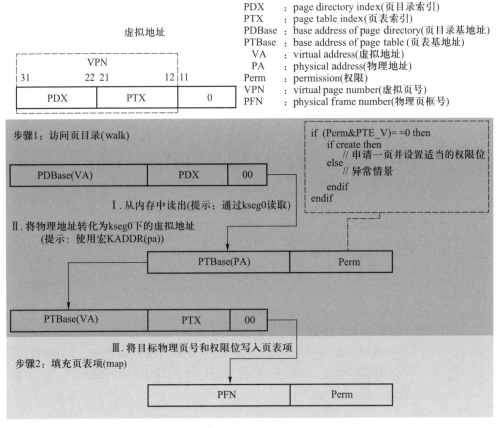

图 3.4 walk & map（insert）系列函数图解流程

该函数作用是将一级页表基地址 pgdir 对应的两级页表结构中虚拟地址 va 映射到页控制块 pp 对应的物理页面，并将页表项权限为设置为 perm。

```
int page_insert ( Pde *pgdir, u_int asid, struct Page *pp, u_long va, u_int
    perm ) {
Pte *pte;

// 由于需要将 pp 对应页映射到 va，首先检查是否 va 已经存在映射
pgdir_walk ( pgdir, va, 0, &pte );

// 如果已经存在映射，该映射是否有效
if ( pte != 0 && ( *pte & PTE_V ) != 0 ) {
```

```
    // 如果存在的映射是有效的，那现有映射的页和需要插入的页是否一样
  if (pa2page (*pte) != pp) {
    // 如果不一样，那么移除现有的映射，插入新的页
    page_remove (pgdir, asid, va);
  } else {
    // 如果一样，就只需要更新一下映射的权限位
    // 但先要将 TLB 中缓存的页表项删掉，然后更新内存中的页表项
    // 这样下次加载 va 所在页时，TLB 会重新从页表中加载该页表项
    // 插入完成，函数返回
    tlb_invalidate (asid, va);
    *pte = page2pa (pp) | perm | PTE_V;
    return 0;
  }
}


// 程序运行到这里，可能出现下面三种情况
// va 没有存在映射；va 存在无效映射；va 本来存在有效映射，但被移除了
// 由于存在第三种情况，因此需要将 TLB 中缓存的旧映射删掉
tlb_invalidate (asid, va);


// 这里再次查看是否存在映射时，一定不存在有效映射
// 因此只需要获取这一映射的地址，建立新映射
int r = pgdir_walk (pgdir, va, 1, &pte)
if (r) {
  return r;
}


// 建立新映射，并增加页面引用
// （物理页面新被一个虚拟地址映射，即增加 1 次引用）
*pte = (/*TODO：Physical Frame Address of 'pp' */) | perm | PTE_V;
pp->pp_ref++;
return 0;
}
```

任务 3.7　完成 page_insert 函数（只需要完成 TODO 部分）。提示：使用宏 page2pa。

3. 寻找映射的物理地址函数

struct Page * page_lookup（Pde *pgdir， u_long va， Pte **ppte）

该函数作用是返回一级页表基地址 pgdir 对应的两级页表结构中虚拟地址 va 映射的物理页面的页控制块，同时将 ppte 指向的空间设为对应的二级页表项地址。

```
struct Page *page_lookup（Pde *pgdir, u_long va, Pte **ppte）{
  struct Page *pp;
  Pte *pte;

  // 首先寻找是否存在这一页表项
  pgdir_walk（pgdir, va, 0, &pte）;

  // 如果不存在该页表项或页表项无效，则返回空指针，代表未找到
  if（!（pte &&（*pte & PTE_V）））{
    return NULL;
  }

  // 如果存在有效的页表项，则获取这一有效页面的页控制块指针
  pp = pa2page（*pte）;

  // 如果调用方需要这一页表项的地址
  //（传入了用于传递页表项地址的空间的地址）
  // 则将页表项地址传递
  if（ppte）{
    *ppte = pte;
  }

  // 返回查找的页面的页控制块地址
  return pp;
}
```

4. 取消地址映射函数

void page_remove（Pde *pgdir，u_long va）

该函数作用是删除一级页表基地址 pgdir 对应的两级页表结构中虚拟地址 va 对物理地址的映射。如果存在这样的映射，那么对应物理页面的引用次数会减少一次。

```
void page_remove（Pde *pgdir, u_int asid, u_long va）{
    Pte *pte;
    struct Page *pp;

    // 查找 va 对应的页控制块
    pp = page_lookup（pgdir, va, &pte）;

    // 如果查找失败, 说明不存在这一映射
    // 不需要取消, 直接返回
    if（pp == 0）{
        return;
    }

    // 如果查找成功, 则解除其被 va 的映射
    page_decref（pp）;

    // 将对应的页表项清空
    *pte = 0;

    // 清空该映射在 TLB 中的缓存
    tlb_invalidate（asid, va）;
}
```

3.6 多级页表与页目录自映射

在 Lab2 中，实现了内存管理，构建立两级页表机制。

页表的主要作用是维护虚页面到物理页面之间的映射关系，通常存放在内存中。操作系统对于页表的访问也是通过虚拟地址实现的。这也意味着，页表同时也维护了自身所处的虚页面到实际物理页面之间的映射关系。

试想这样一个问题：如何在虚拟存储空间中维护页表和页目录？下面介绍 MOS 中采用的"自映射"法，即将页表和页目录映射到进程地址空间的实现方式，如图 3.5 所示。在两级页表中，如果要将一个进程的 4 GB 地址空间均映射到物理内存，则需要用 4 MB 来存放页表（1 024 个页表），4 KB 来存放页目录；如果这些页表和页目录都要在进程的地址空间中得以映射，这就意味着在 1 024 个页表中，有一个页表对应的 4 MB 空间就是这 1 024 个页表占用的 4 MB 空间。这一个特殊的页表就是页目录，它的 1 024 个表项分别映射到这 1 024 个页表。因此只需要 4 MB 的空间即可容纳页表和页目录。

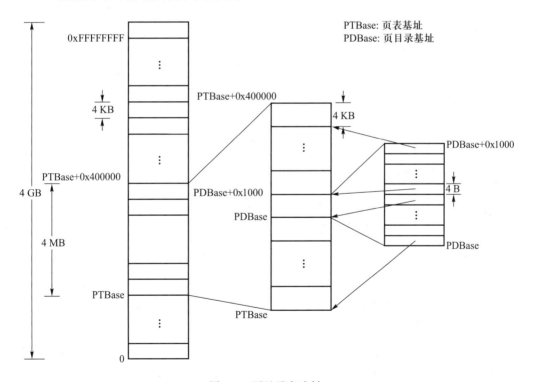

图 3.5 页目录自映射

而在 MOS 中，将页表和页目录映射到用户空间中的 0x7fc00000~0x80000000
（共 4 MB）区域，这意味着 MOS 允许在用户态下访问当前进程的页表和页目录，
这一特性将在后续实验中用到。

根据自映射的性质，计算 MOS 中页目录的基地址的方法是，0x7fc00000~
0x80000000 这 4 MB 空间的起始位置（也就是第一个二级页表的基地址）对应着
页目录的第一个页目录项。同时由于 1 M 个页表项和 4 GB 地址空间是线性映射
的，不难算出 0x7fc00000 这一个地址对应的应该是第 0x7fc00000 >> 12 个页表
项（这一个页表项也就是第一个页目录项）。由于一个页表项占 4 B 空间，因此第
0x7fc00000 >> 12 个页表项相对于页表基地址的偏移为（0x7fc00000 >> 12）* 4，
即 0x1ff000。最终即可得到页目录基地址为 0x7fdff000。

在其他系统中，还会使用三级页表等更多级的页表机制。结合操作系统理论课
所学知识，查阅相关资料，回答下述思考题。

思考 3.4　在现代 64 位系统中，虽提供了 64 位字长，但实际上并不是 64 位
页式存储系统。假设在 64 位系统中采用三级页表机制，页面大小为 4 KB。由于 64
位系统中字长为 8 B，且页目录也占用一页，因此页目录中有 512 个页目录项，因
此每级页表都需要 9 位。因此在 64 位系统下，总共需要 $3 \times 9 + 12 = 39$ 位就可以
实现三级页表机制，并不需要 64 位。

现考虑上述 39 位的三级页式存储系统，虚拟地址空间为 512 GB，若三级页表
的基地址为 PTBase，请计算：

- 三级页表页目录的基地址
- 映射到页目录自身的页目录项（自映射）

3.7　访问内存与 TLB 重填

3.7.1　TLB 相关的前置知识

在计算机组成原理课程中，已经详细介绍 TLB 的功能和硬件实现，但对 TLB
的填充方法较少涉及。为了便于理解，下面先介绍一些 R3000 的体系结构知识。

R3000 中与内存管理相关的是 CP0 寄存器，其说明见表 3.1。

1. TLB 组成

每一个 TLB 表项都有 64 位，其中高 32 位是关键字，低 32 位是数据域。CP0
寄存器中的 EntryHi、EntryLo 分别对应 TLB 的关键字与数据域，并不是 TLB 本
身。EntryHi、EntryLo 的位结构如图 3.6 所示。

表 3.1 CP0 寄存器说明

寄存器序号	寄存器名	用途
8	BadVaddr	保存引发地址异常的虚拟地址
2、10	EntryHi、EntryLo	所有读写 TLB 的操作都要通过这两个寄存器
0	Index	TLB 读写相关需要用到该寄存器
1	Random	随机填写 TLB 表项时需要用到该寄存器

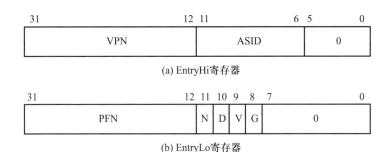

图 3.6 EntryHi 与 EntryLo 寄存器

对如图 3.6（a）所示的 EntryHi 寄存器说明如下。

（1）VPN（virtual page number）为虚拟页号，表示：

① 当 TLB 缺失（CPU 发出虚拟地址，在 TLB 中查找物理地址，但未查到）时，EntryHi 中的 VPN 自动（由硬件）填充为对应虚拟地址的虚拟页号；

② 当需要填充或检索 TLB 表项时，软件需要将 VPN 段填充为对应的虚拟地址。

（2）ASID（address space identifier）为地址标识符，用于区分不同的地址空间。在查找 TLB 表项时，除了需要提供 VPN 外，还需要提供 ASID 信息（同一虚拟地址在不同的地址空间中通常映射为不同的物理地址）。

对如图 3.6（b）所示的 EntryLo 寄存器说明如下。

（1）PFN（physical frame number）为物理帧号，软件通过填写 PFN，随后使用 TLB 写指令，将此时的关键字与数据写入 TLB。

（2）N（non-cachable）：当该位为高时，后续的物理地址访问将不通过高速缓存。

（3）D（dirty）：事实上是可写位。当该位为高时，该地址可写；否则任何写操作都将引发 TLB 异常。

（4）V（valid）：如果该位为低，则任何访问该地址的操作都将引发 TLB 异常。

（5）G（global）：如果该位为高，则 CPU 发出的虚拟地址只需要与该表项的 VPN 匹配，即可与此 TLB 项匹配成功（不需要检查 ASID 是否匹配）。

事实上，TLB 构建了从 < VPN, ASID > 到 <PFN, N, D, V, G> 的映射。

思考 3.5　请思考下面两个问题。

- 阅读前面有关 TLB 的描述，从虚拟内存的实现角度，阐述 ASID 的必要性。
- 请阅读 *IDT R30xx Family Software Reference Manual* 中第 6 章，结合 ASID 段的位数，说明 R3000 中可容纳不同地址空间的最大数量。

2. TLB 相关指令

（1）tlbr：以 Index 寄存器中的值为索引，读出 TLB 中对应的表项到 EntryHi 与 EntryLo 中。

（2）tlbwi：以 Index 寄存器中的值为索引，将此时 EntryHi 与 EntryLo 的值写到索引指定的 TLB 表项中。

（3）tlbwr：将 EntryHi 与 EntryLo 寄存器的数据随机写到一个 TLB 表项中（此处使用 Random 寄存器来"随机"指定表项，Random 寄存器本质上是一个不停运行的循环计数器）。

（4）tlbp：根据 EntryHi 中的关键字（包含 VPN 与 ASID），查找 TLB 中与之对应的表项，并将表项的索引存入 Index 寄存器（若未找到匹配项，则 Index 最高位被置 1）。

软件必须经过 CP0 与 TLB 交互，因此软件操作 TLB 的流程总是分为两步：一是填写 CP0 寄存器，二是使用 TLB 相关指令。

3.7.2　TLB 维护流程

通过之前的实验，读者可能仍然对代码的内存访问过程有所疑惑，这是由于还未涉及与用户进程相关的内容，所有代码、数据的虚拟地址均在 kseg0 段，无须通过页表的翻译便可直接获得其物理地址。因此本次实验所完成的代码，大多是为之后的实验提供接口，本次实验实现的一些内存管理功能只作为独立的函数存在。但由于内存访问将是之后实验中很重要的内容，在此次实验结束时，有必要将用户进程访问内存的流程解释清楚，既有助于之后实验的实施，也能加深对本次实验的理解。

本实验所使用的 MIPS R3000 的 MMU 中只有 TLB，在实施用户地址空间访存时，虚拟地址到物理地址的转换均通过 TLB 进行，即只有当前虚拟地址的页号在 TLB 中时，才能找到对应的物理地址；因此访问内存时，首先要在 TLB 中查询相应的页号，如果查询到则可取得物理地址；如果未查询到则产生 TLB 中断，跳转到异常处理程序中，对 TLB 进行重填。

TLB 的重填过程由 kern/genex.S 中的 do_tlb_refill 函数完成，代码如下。

```
NESTED（do_tlb_refill, 0, zero）
        mfc0    a0, CP0_BADVADDR
        mfc0    a1, CP0_ENTRYHI
        srl     a1, a1, 6
        andi    a1, a1, 0b111111
        move    s0, ra
        jal     __do_tlb_refill
        move    ra, s0
        mtc0    v0, CP0_ENTRYLO0
        nop
        tlbwr
        jr      ra
END（do_tlb_refill）
```

前面在介绍两级页表时已经提到过 TLB 重填的相关流程，但当时并没有涉及 TLB 部分，加入 TLB 后其流程大致如下。

（1）从 BadVAddr 中取出引发 TLB 缺失的虚拟地址。

（2）从 EntryHi 的第 6~11 位取出当前进程的 ASID。在 Lab3 的代码中，会在进程切换时修改 EntryHi 中的 ASID，以标识访存所在的地址空间。

（3）以虚拟地址和 ASID 为参数，调用 __do_tlb_refill 函数。该函数是 TLB 重填过程的核心，其功能是根据虚拟地址和 ASID 查找页表，返回包含物理地址的页表项。为了保存汇编函数现场中的返回地址，在调用函数前，将 ra 寄存器的值保存在 s0 中。

（4）将物理地址存入 EntryLo，并执行 tlbwr 将此时的 EntryHi 与 EntryLo 写入 TLB（在发生 TLB 缺失时，EntryHi 中保留了虚拟地址相关信息）。

我们将操作页表的逻辑使用 C 语言封装在 kern/tlbex.c 中的 __do_tlb_refill 函数中，其代码如下。

```
Pte __do_tlb_refill（u_long va, u_int asid）{
```

```
                    Pte *pte;
                    while ( page_lookup ( cur_pgdir, va, &pte ) == NULL ) {
                              passive_alloc ( va, cur_pgdir, asid );
                    }
                    return *pte;
          }
```

cur_pgdir 是一个在 kern/pmap.c 中定义的全局变量，其中存储了当前进程一级页表基地址位于 kseg0 的虚拟地址。

注意 3.7

通过自映射相关知识，可以知道 0x7fdff000 这一虚拟地址也同样映射到该进程的一级页表基地址，但是重填时处于内核态，如果使用 0x7fdff000 则还需要额外确定当前属于哪一个进程，而使用位于 kseg0 的虚拟地址可以通过映射规则直接确定物理地址。

在 Lab3 的代码中，会在进程切换时更改 cur_pgdir 的值，使之指向切换后进程的一级页表基地址。

当 page_lookup 函数在页表中找不到对应表项时，调用 passive_alloc 函数进行处理。若该虚拟地址合法，可以为此虚拟地址申请一个物理页面（page_alloc），并将虚拟地址映射到该物理页面（page_insert），即进行被动页面分配。

注意 3.8

在之后的实验中，运行 MOS 时经常出现内存不足等错误信息，即访问了一个过低的地址。此时应该检查代码中是否存在访问非法内存（如空指针、野指针）的操作，或者忘记将物理地址转化为 kseg0 内核虚拟地址等问题。

经过以上分析，可以看出 tlb_invalidate 非常重要。如果页表内容变化而 TLB 未更新，则可能访问到错误的物理页面。同时中断、异常处理等过程是之后实验的重点，现在可暂且将其理解为代码的跳转，此处只需明白 R3000 中代码在访问内存时的处理过程即可。

任务 3.8　完成 tlb_out 函数。该函数根据传入的参数（TLB 的关键值）找到对应的 TLB 表项，并将其清空。

具体来说，需要在两个位置插入两条指令，其中一个位置为 tlbp，另一个位置为 tlbwi。

因流水线设计架构原因，tlbp 指令的前后都应各插入一个 nop 以避免产生数据冒险。

思考 3.6 请思考下述三个问题。

- tlb_invalidate 和 tlb_out 的调用关系如何？
- 请用一句话概括 tlb_invalidate 的作用。
- 逐行解释 tlb_out 中的汇编代码。

3.7.3 正确结果展示

在完成虚拟内存管理后，执行 make test lab=2_2 && make run 编译、运行内核，显示如下信息即通过虚拟内存管理的单元测试（其中地址 3ffe000 是不固定的）。

va2pa（boot_pgdir，0x0）is 3ffe000

page2pa（pp1）is 3ffe000

start page_insert

pp2->pp_ref 0

end page_insert

page_check () succeeded!

va2pa（boot_pgdir，0x0）is 3ffe000

page2pa（pp1）is 3ffe000

start page_insert

end page_insert

page_check_strong () succeeded!

注意，此处的单元测试仅针对虚拟内存管理。由于还未建立中断异常处理机制，所以没有对 TLB 部分进行测试，可以在实施 Lab3 时再检验此处的正确性。

3.8 Lab2 在 MOS 中的概况

图 3.7 展示了本实验中填写的内容在 MOS 系统中的作用（加灰底部分就是 Lab2 为系统提供的功能）。图 3.7 中每一根竖线都代表一个执行流程，竖线上的点代表一个步骤（或函数调用），点的旁边会注明该步骤（或函数）的名称。如果某一

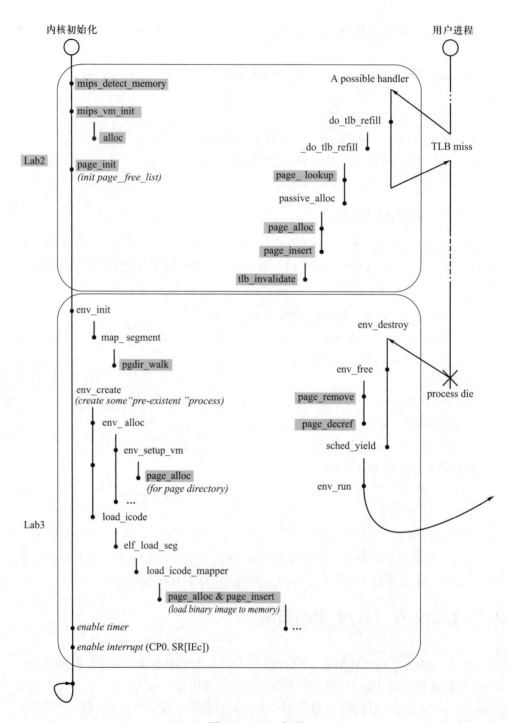

图 3.7　Lab2 概况

个步骤（或函数）包含（或调用）若干个重要的子步骤（或函数），则在该步骤（或函数）的名称下以"竖线＋点"的形式表达。比如，passive_alloc 按顺序调用了 page_alloc 和 page_insert 这两个函数，而 page_insert 又调用了 tlb_invalidate 这个函数。

在图 3.7 中，左侧主干是内核初始化的流程，内核初始化完毕后陷入死循环。完成 Lab3 后可以知道，第一次时钟中断来临后用户进程开始运行，而在用户进程运行过程中，会遇到中断和异常（如图 3.7 中右侧主干）而陷入内核，调用相应的中断异常处理函数。

3.9 其他体系结构中的内存管理

本实验在 MIPS 体系结构上构建操作系统，因此内存管理机制与 MIPS 特性耦合紧密。在其他一些体系结构中，内存管理可能会有很大的差别。有一些体系结构有着复杂的 MMU，它们直接使用硬件机制来填写 TLB，而不是本实验中依赖软件 do_tlb_refill 函数来填写 TLB。

思考 3.7 任选下述二者之一回答。

（1）简单了解并叙述 x86 体系结构中的内存管理机制，比较 x86 和 MIPS 在内存管理上的区别。

（2）简单了解并叙述 RISC-V 中的内存管理机制，比较 RISC-V 与 MIPS 在内存管理上的区别。

第 4 章　进程与异常

本章相关实验任务在 MOS 操作系统实验中简记为 Lab3。

4.1　实验目的

1. 创建一个进程并成功运行。
2. 实现时钟中断，通过时钟中断内核可以再次获得执行权。
3. 实现进程调度，创建两个进程，并且通过时钟中断切换进程执行。

本实验将运行一个用户模式的进程。本实验需要使用数据结构进程控制块 Env 来跟踪用户进程，并建立一个简单的用户进程，加载一个程序镜像到指定的内存空间中，然后让它运行起来。

同时，实验实现的 MIPS 内核具有处理异常的能力。

4.2　进程

由于没有实现线程，本实验中进程既是基本的分配单元，也是基本的执行单元。每个进程都是一个实体，有其自己的地址空间，通常包括代码段、数据段和堆栈。程序是一个没有生命的实体，只有被处理器赋予"生命"时，它才能成为一个活动的实体，而执行中的程序就是进程。

4.2.1　进程控制块

进程控制块（processing control block，PCB）是系统专门设置用来管理进程的数据结构，它可以记录进程的外部特征，描述进程的变化过程。系统利用 PCB 来控制和管理进程，所以 PCB 是系统感知进程存在的唯一标识。进程与 PCB 是一一对应的。在 MOS 中，PCB 由一个 Env 结构体实现，主要包含如下一些信息：

```
struct Env {
    struct Trapframe env_tf;        // Saved registers
    LIST_ENTRY(Env) env_link;       // Free LIST_ENTRY
    u_int env_id;                   // Unique environment identifier
    u_int env_parent_id;            // env_id of this env's parent
    u_int env_status;               // Status of the environment
    Pde *env_pgdir;                 // Kernel virtual address of page dir
    LIST_ENTRY(Env) env_sched_link;
    u_int env_pri;
};
```

为了将注意力集中在关键的地方，暂时不对后续实验用到的域做介绍。下面是对本实验相关部分的简单说明。

（1）env_tf：Trapframe 结构体的定义在 include/trap.h 中，在发生进程调度或陷入内核时，会将当时的进程上下文环境保存在 env_tf 变量中。

（2）env_link：env_link 的机制类似于 Lab2 中的 pp_link，使用它和 env_free_list 来构造空闲进程链表。

（3）env_id：每个进程的 env_id 都不一样，它是进程独一无二的标识符。

（4）env_parent_id：在后续实验中，将讲解进程是如何被其他进程创建的，创建本进程的进程称为其父进程。此变量记录父进程的进程 ID，进程之间通过此关联可以形成一棵进程树。

（5）env_status：该变量只能有以下三种取值。

① ENV_FREE：表明该进程是不活动的，即该进程控制块处于进程空闲链表中。

② ENV_NOT_RUNNABLE：表明该进程处于阻塞状态，处于该状态的进程需要在一定条件下变成就绪状态从而被 CPU 调度。例如，因进程通信阻塞时变为 ENV_NOT_RUNNABLE，收到信息后变回 ENV_RUNNABLE。

③ ENV_RUNNABLE：该进程处于执行状态或就绪状态，即它可能是正在运行的，也可能正在等待被调度。

（6）env_pgdir：这个变量保存了该进程页目录的内核虚拟地址。

（7）env_sched_link：这个变量用来构造调度队列。

（8）env_pri：这个变量保存了该进程的优先级。

在实验中，存放进程控制块的物理内存在系统启动后就已经分配好了，就是 envs 数组。

但是只存储进程控制块的信息还是不够的，还需要像 Lab2 一样将空闲的 Env 控制块按照链表形式串联起来，便于后续分配 Env 结构体对象，形成 env_free_list。一开始所有进程控制块都是空闲的，所以要把它们都串联到 env_free_list 中去。

任务 4.1　完成 env_init 函数。

实现 Env 控制块的空闲队列和调度队列的初始化功能，注意注释中对链表插入顺序的要求。

> **注意 4.1**
> 这里规定链表的插入顺序，是为了方便进行单元测试，请按规定次序实现。

4.2.2　段地址映射

在 env_init 函数的最后，使用 page_alloc 函数为模板页表 base_pgdir 分配了一页物理内存，将其转换为内核虚拟地址，并使用 map_segment 函数在该页表中将内核数组 pages 和 envs 映射到用户空间的 UPAGES 和 UENVS 处。在之后的 env_setup_vm 函数中，将这部分模板页表复制到每个进程的页表中。

段地址映射函数为 void map_segment（Pde *pgdir，u_long pa，u_long va，u_long size，u_int perm），其功能是在一级页表基地址 pgdir 对应的两级页表结构中做段地址映射，将虚拟地址段 [va，va+size) 映射到物理地址段 [pa，pa+size)，因为是按页映射，要求 size 必须是页面大小的整数倍。同时相关页表项的权限设置为 perm。其作用是将内核中的 Page 和 Env 数据结构映射到用户地址，以供用户程序读取。

任务 4.2　请结合 env_init 的使用方式，完成 map_segment 函数。

4.2.3　进程的标识

现代计算机系统中经常有很多进程同时存在，每个进程都执行不同的任务，它们之间也经常需要相互协作、通信，那么操作系统是如何识别每个进程的呢？

操作系统依靠进程标识符来实现进程。在 struct Env 进程控制块中，env_id 域是每个进程独一无二的标识符，需要在创建进程的时候就赋值。

在 env.c 文件中实现了一个名为 mkenvid 的函数，其作用就是生成一个新的进程标识符。

在 mkenvid 中会调用 asid_alloc 函数，该函数的作用是为新创建的进程分配一个异于当前所有未被释放的进程的 ASID。这里有几个问题：这个 ASID 是什么？为什么要与其他的进程不同呢？为什么不能简单地通过自增来避免冲突呢？

要解答这些问题，还需回到 TLB 来讨论。通过前面章节讲述可知，进程是通过页表来访问内存的，而不同进程的同一个虚拟地址可能会映射为不同的物理地址。

为了实现这个功能，TLB 中除了存储页表的映射信息之外，还会存储进程的标识符，把它作为关键字域的一部分，用于保证查到的页面映射属于当前进程，而这个标识符就是 ASID。显然，不同进程的虚拟地址可以对应相同的 VPN，如果 ASID 不具备唯一性，就与 TLB 唯一性要求相矛盾了。因此，在实验中直到进程被销毁或 TLB 被清空，才可以把这个 ASID 分配给其他进程。

到此，前两个问题就得到了解答，而要解答第三个问题，就需要更深入地了解 TLB 的结构。MOS 实验模拟 CPU 的型号是 MIPS R3000，其 TLB 结构的关键字域（即 EntryHi 寄存器）中用到了 ASID，其位结构如图 3.6 所示。

从图 3.6 可以看出，ASID 部分只占用了第 6~11 共 6 位，所以如果希望仅仅通过自增的方式来分配 ASID，很快就会发生溢出，导致 ASID 重复。

为了解决这个问题，实验系统采用限制同时运行的进程数量的方法来防止 ASID 重复。具体实现是通过位图法来管理 64 个可用的 ASID，若在 ASID 耗尽时仍要创建进程，内核会发生崩溃。可以参考 env.c 中 asid_alloc 函数的代码来理解其实现过程。

> **注意 4.2**
>
> 实际的 Linux 系统则采用另一种方式来解决这个问题，保证同时运行的进程数不会受到硬件 ASID 位数的限制，感兴趣的读者可自行了解 Linux 的实现机制。

4.2.4 设置进程控制块

下面利用空闲进程链表 env_free_list 创建进程 [1]，具体流程如下。

第一步：申请一个空闲的 PCB（也就是 Env 结构体），从 env_free_list 中索取一个空闲 PCB 块，这时候 PCB 就像一张白纸。

---

[1] 这里"创建进程"是指在操作系统内核中直接创建进程，不是在操作系统用户通过 fork 等系统调用创建进程。在 Lab4 中将介绍利用 fork 创建进程的方式。

第二步："纯手工"打造一个进程。在这种创建方式下，由于没有模板进程，所以进程拥有的所有信息都需由手工设置。而进程的信息又都存放于进程控制块中，所以需要手工初始化进程控制块。

第三步：进程仅有 PCB 信息是无法运行的，而每个进程都有独立的地址空间。所以，要为新进程分配资源，为新进程的程序和数据以及用户栈分配必要的内存空间。

第四步：此时 PCB 已经存储了必要的信息，可以把它从空闲链表里取出使用了。

第二步的信息设置是本次实验的关键，其代码详见代码 4.1。

代码 4.1　进程创建

```c
int env_alloc(struct Env **new, u_int parent_id) {
  int r;
  struct Env *e;

  /* Step 1: Get a free Env from 'env_free_list' */
  /* Exercise 3.4: Your code here. (1/4) */


  /* Step 2: Call a 'env_setup_vm' to initialize the user address space for
     this new Env. */
  /* Exercise 3.4: Your code here. (2/4) */


  /* Step 3: Initialize these fields for the new Env with appropriate values:
   *    'env_user_tlb_mod_entry' (lab4), 'env_runs' (lab6), 'env_id' (lab3),
   *    'env_asid' (lab3),
   *    'env_parent_id' (lab3)
   *
   * Hint:
   *    Use 'asid_alloc' to allocate a free asid.
   *    Use 'mkenvid' to allocate a free envid.
   */
  e->env_user_tlb_mod_entry = 0; // for lab4
  e->env_runs = 0;               // for lab6
  /* Exercise 3.4: Your code here. (3/4) */
```

/* Step 4: Initialize the sp and 'cp0_status' in 'e->env_tf'. */
// Timer interrupt (STATUS_IM4) will be enabled.
e->env_tf.cp0_status = STATUS_IM4 | STATUS_KUp | STATUS_IEp;
// Keep space for 'argc' and 'argv'.
e->env_tf.regs[29] = USTACKTOP - sizeof(int) - sizeof(char *);

/* Step 5: Remove the new Env from env_free_list. */
/* Exercise 3.4: Your code here. (4/4) */

*new = e;
return 0;
}

env.c 中的 env_setup_vm 函数就是第二步中要使用的函数，该函数的作用是初始化新进程的地址空间，这部分任务也是本实验的难点之一。详见代码 4.2。

代码 4.2　地址空间初始化

/* Overview:
 *   Initialize the user address space for 'e'.
 */
static int env_setup_vm(struct Env *e) {
  struct Page *p = NULL;

  /* Step 1:
   *   Allocate a page for the page directory with 'page_alloc'.
   *   Increase its 'pp_ref' and assign its kernel address to 'e->env_pgdir'.
   *
   * Hint:
   *   You can get the kernel address of a specified physical page using
   *   'page2kva'.
   */
  panic_on(page_alloc(&p));
  /* Exercise 3.3: Your code here. */

```
    /* Step 2: Copy the template page directory 'base_pgdir' to 'e->env_pgdir'.
    /*
    /* Hint:
     *    As a result, the address space of all envs is identical in [UTOP, UVPT).
     *    See include/mmu.h for layout.
     */
    memcpy(e->env_pgdir + PDX(UTOP), base_pgdir + PDX(UTOP),
           sizeof(Pde) * (PDX(UVPT) - PDX(UTOP)));


    /* Step 3: Map its own page table at 'UVPT' with readonly permission.
     * As a result, user programs can read its page table through 'UVPT' */
    e->env_pgdir[PDX(UVPT)] = PADDR(e->env_pgdir) | PTE_V;
    return 0;
}
```

　　在开始完成 env_setup_vm 之前，为了理解这个函数实现的功能，需特别注意，实验中虚拟地址 ULIM 以上的地方，kseg0 和 kseg1 这两部分内存的访问不经过 TLB，这部分内存由内核管理且被所有进程共享。MOS 操作系统特意将一些内核的数据暴露于用户空间，使进程不需要切换到内核态就能访问，这是 MOS 特有的设计。在 Lab4 和 Lab6 中将用到此机制。这里要暴露的空间是 UTOP 以上、ULIM 以下的部分，也就是把这部分内存对应的内核页表复制到进程页表中。

　　任务 4.3　完成 env_setup_vm 函数。

　　回顾、理解进程虚拟地址空间的分布，根据注释完成函数，实现初始化一个新进程地址空间的功能。

　　思考 4.1　结合 include/mmu.h 中的地址空间布局，思考有关 env_setup_vm 函数的以下几个问题。

　　• UTOP 和 ULIM 的含义分别是什么？UTOP 和 ULIM 之间的区域与 UTOP 以下的区域相比有什么区别？

　　• 请结合系统自映射机制解释代码中 e->env_pgdir[PDX（UVPT）] = PADDR（e->env_pgdir） | PTE_V 的含义。

　　• 谈谈自己对进程中物理地址和虚拟地址的理解。

　　思考完以上问题后，就可以直接在 env_alloc 第二步使用该函数了。需要初始化的字段已经在 env_alloc 函数的注释中给出，这个函数的重点在于我们已经

给出的这个赋值 e->env_tf.CP0_STATUS = STATUS_IM4 | STATUS_KUp | STATUS_IEp。这个赋值很重要，因此必须直接在代码中给出。下面介绍它的具体作用。

图 4.1 是 MIPS R3000 里状态寄存器 SR 的示意图，即 env_tf 里的 CP0_STATUS。其中，需要将第 12 位的 IM4 设置为 1，表示 4 号中断可以被响应。

31	30	29	28	27 26	25	24 23	22	21	20	19	18	17	16
CU3	CU2	CU1	CU0	0	RE	0	BEV	TS	PE	CM	PZ	SwC	IsC

15	...	8	7	6	5	4	3	2	1	0
IM			0		KUo	IEo	KUp	IEp	KUc	IEc

图 4.1 R3000 的 SR 寄存器示意图

R3000 中 SR 寄存器的低六位是一个二重栈的结构。KUo 和 IEo 是一组，每当中断发生的时候，硬件自动会将 KUp 和 IEp 的数值复制到这里；KUp 和 IEp 是一组，当中断发生的时候，硬件会把 KUc 和 IEc 的数值复制到这里。

一组数值表示一种 CPU 的运行状态，其中 KU 位表示是否位于用户模式下，为 1 表示位于用户模式下；IE 位表示中断是否开启，为 1 表示开启，否则不开启[①]，而 KUc 和 IEc 则为 CPU 当前实际的运行状态。

而每当 rfe 指令调用的时候，就会进行上面操作的逆操作。我们现在先不管为何，但是已经知道，下面这一段代码是每个进程在每一次被调度时都会执行的，所以就一定会执行 rfe 这条指令。

```
lw    k0, TF_STATUS（k0）    # 恢复 CP0_STATUS 寄存器
mtc0 k0, CP0_STATUS
j     k1
rfe
```

现在读者可能就明白为何要设置 SR 中的 KUp 和 IEp 位了。在运行进程前，上述代码运行到 rfe 的时候（rfe 处于延迟槽中），就会将 KUp 和 IEp 复制到 KUc 和 IEc，令 SR 的最后两位 [KUc, IEc] 为 [1, 1]，表示在用户模式下且开启中断。之后第一个进程成功运行，这时操作系统也可以正常响应中断了。

---

① 本实验不支持中断嵌套，所以在内核态下是不可以开启中断的。

从注释也能看出，第四步除了需要设置 CP0_STATUS 以外，还需要设置栈指针。在 MIPS 中，栈寄存器是第 29 号寄存器，注意这里的栈是用户栈，不是内核栈。

任务 4.4　完成 env_alloc 函数。

env_alloc 函数实现了申请并初始化一个进程控制块的功能。这里给出如下提示。

（1）回忆 Lab2 中的链表宏 LIST_FIRST、LIST_REMOVE，实现在 env_free_list 中申请空闲进程控制块。

（2）用 env_setup_vm 初始化新进程的地址空间。

（3）仔细阅读前面对相关域的介绍，思考相关域的恰当赋值。

4.2.5　加载二进制镜像

在进程创建的第三步中曾提到，需要为新进程的程序分配空间来容纳程序代码。

在 Lab1 中曾介绍了 ELF 文件，它的出现场合有两种，一是组成可重定位文件，二是组成可执行文件或可被共享的对象文件。在这里 ELF 文件以后者的形式出现，用于在内存中构建进程映像。

要想正确加载一个 ELF 文件到内存，只需将 ELF 文件中所有需要加载的程序段加载到对应的虚拟地址上即可。前面已经完成了用于解析 ELF 文件代码的大部分内容，可以直接调用相应函数来获取 ELF 文件的各项信息，并完成加载过程。相关函数和类型的声明如下。

```
// lib/elfloader.c
const Elf32_Ehdr *elf_from ( const void *binary, size_t size );
int elf_load_seg ( Elf32_Phdr *ph, const void *bin, elf_mapper_t map_page,
                    void *data );


// kern/env.c
static void load_icode ( struct Env *e, const void *binary, size_t size );
static int load_icode_mapper ( void *data, u_long va, size_t offset, u_int
                                perm, const void *src, size_t len );
```

注意 4.3

在 Lab3 阶段，还没有实现文件系统，因此无法直接操作磁盘中的 ELF 文件。在这里已经将 ELF 文件内容转化为 C 数组的形式（可以利用 make 查看 user/bare/loop.b.c 文件），这样就可以通过编译完成加载了。

load_icode 函数负责加载可执行文件 binary 到进程 e 的内存中。它调用 elf_from 函数来解析 ELF 文件头的部分，elf_load_seg 负责将 ELF 文件的一个段加载到内存。

为了实现这一目标，elf_load_seg 的最后两个参数用于接收一个自定义的回调函数 map_page，以及需要传递给回调函数的额外参数 data。每当 elf_load_seg 函数解析到一个需要加载到内存中的页面时，就会将有关的信息作为参数传递给回调函数，并由它完成单个页面的加载，而 load_icode_mapper 就是 map_page 的具体实现。

load_icode 函数会从 ELF 文件中解析出每个段的首部 ph，以及其数据在内存中的起始位置 bin，再由 elf_load_seg 函数将参数指定的程序段加载到进程的地址空间中。

elf_load_seg 函数会从 ph 中获取 va（该段需要被加载到的虚拟地址）、sgsize（该段在内存中的大小）、bin_size（该段在文件中的大小）和 perm（该段被加载时的页面权限），并根据这些信息完成以下工作：

（1）加载该段的所有数据（bin）到内存（va）；

（2）如果该段在文件中内容大小达不到为填入这段内容而新分配的页面大小，即分配了新的页面但没能填满（如.bss 区域），那么余下的部分用 0 来填充。

如图 4.2 所示，段内的内存布局可能较为复杂，需加载的虚拟地址 va、该段占用的内存长度 sg_size 以及需要复制的数据长度 bin_size 都可能不是页对齐的。elf_load_seg 会正确处理这些地址的页面偏移，对于每个需要加载的页面，用对齐后的地址 va 以及该页的其他信息调用回调函数 map_page，由回调函数完成单页的加载。这样的设计允许 elf_load_seg 只关心 ELF 段的结构，而不用处理与具体操作系统相关的页面加载过程。

为了降低实现难度，这里只需要完成作为回调函数的 load_icode_mapper，其中需要分配所需的物理页面，并在页表中建立映射。若 src 非空，还需要将该处的 ELF 数据复制到物理页面中。

129

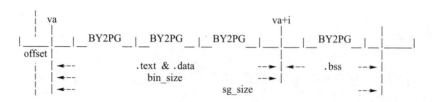

图 4.2 每个段的加载地址布局

思考 4.2 elf_load_seg 以函数指针的形式，接收外部自定义的回调函数 map_page。请你找到与之相关的 data 参数在此处的来源，并思考它的作用。没有这个参数可不可以？为什么？可以尝试说明实际的应用场景，举一个实际的库中的例子。

任务 4.5 完成 kern/env.c 中的 load_icode_mapper 函数。

提示：可能用到的函数有 page_alloc、page_insert、memcpy、memset。

思考 4.3 结合 elf_load_seg 的参数和实现，考虑该函数需要处理哪些页面加载的情况。

现在已经加载了 ELF 镜像的核心函数，下面就能真正实现把 ELF 加载到进程的任务了，详见代码 4.3。

代码 4.3 完整加载镜像

```
static void load_icode(struct Env *e, const void *binary, size_t size) {
  /* Step 1: Use 'elf_from' to parse an ELF header from 'binary'. */
  const Elf32_Ehdr *ehdr = elf_from(binary, size);
  if (!ehdr) {
    panic("bad elf at %x", binary);
  }

  /* Step 2: Load the segments using 'ELF_FOREACH_PHDR_OFF' and
     'elf_load_seg'.
   * As a loader, we just care about loadable segments, so parse only program
     headers here.
   */
  size_t ph_off;
  ELF_FOREACH_PHDR_OFF (ph_off, ehdr) {
    Elf32_Phdr *ph = (Elf32_Phdr *)(binary + ph_off);
```

```
if (ph->p_type == PT_LOAD) {
    // 'elf_load_seg' is defined in lib/elfloader.c
    // 'load_icode_mapper' defines the way in which a page in this segment
    // should be mapped.
    panic_on(elf_load_seg(ph, binary + ph->p_offset, load_icode_mapper,
             e));
}
}


/* Step 3: Set 'e->env_tf.cp0_epc' to 'ehdr->e_entry'. */
/* Exercise 3.6: Your code here. */


}
```

这个函数通过调用 elf_load_seg 函数来将 ELF 文件真正加载到内存中，将 load_icode_mapper 这个函数作为参数传入。

任务 4.6 完成 kern/env.c 中的 load_icode 函数。

这里的 env_tf.cp0_epc 是什么呢？这个字段指示了进程恢复运行时 PC 应恢复的位置。冯·诺依曼体系结构的一大特点就是程序预存储，计算机自动执行。要运行的进程代码段预先被载入以 e_entry 为起点的内存，当运行进程时，CPU 将自动从 PC 所指的位置开始执行二进制代码。

思考 4.4 思考上面这一段话，并根据自己在 Lab2 中的理解，回答：

- env_tf.cp0_epc 中存储的是物理地址还是虚拟地址？
- ehdr->e_entry 的值对于每个进程都一样吗？该如何理解这种统一或不同？

4.2.6 创建进程

创建进程的过程很简单，就是实现对上述函数的封装，分配一个新的 Env 结构体，设置进程控制块，并将二进制代码载入对应地址空间即可。

任务 4.7 完成 env_create 函数。

根据提示，理解并恰当使用前面实现的函数，完成 kern/env.c 中 env_create 函数，实现创建一个新进程的功能。

当然提到创建进程，还需要使用两个封装好的宏命令：

```
#define ENV_CREATE_PRIORITY（x，y）\
```

```
{ \
    extern u_char binary_##x##_start[]; \
    extern u_int binary_##x##_size; \
    env_create ( binary_##x##_start, \
        ( u_int ) binary_##x##_size, y ); \
}

#define ENV_CREATE ( x ) \
{ \
    extern u_char binary_##x##_start[]; \
    extern u_int binary_##x##_size; \
    env_create ( binary_##x##_start, \
        ( u_int ) binary_##x##_size, 1 ); \
}
```

关于这个宏，这里着重解释 ## 的含义。## 代表拼接，例如下面这段代码给出了一个示例。

```
#define CONS ( a, b ) int ( a##e##b )
int main ()
{
    printf ( "%d\n", CONS ( 2, 3 )); // 2e3 输出：2000
    return 0;
}
```

最后，在 init/init.c 中增加下面两行代码以初始化创建的两个进程。

```
ENV_CREATE_PRIORITY ( user_bare_loop, 1 );
ENV_CREATE_PRIORITY ( user_bare_loop, 2 );
```

这里的 user_bare_loop 用于变量命名，对应的用户程序位于 user/bare/loop.S 中。经过 ENV_CREATE 宏的拼接后，得到内核中的 binary_user_bare_loop_start 数组和 binary_user_bare_loop_size 变量，可以在 user/bare/loop.b.c 文件中找到它们的定义。

任务 4.8　在 mips_init 中使用 ENV_CREATE_PRIORITY 创建两个进程。在创建进程前，记得调用 env_init 初始化进程。

4.2.7 进程运行与切换

env_run 是进程运行使用的基本函数，详见代码 4.4。它包括以下两部分：

- 保存当前进程上下文（如果当前没有运行的进程就跳过这一步）；
- 恢复要启动的进程的上下文，然后运行该进程。

进程上下文就是进程执行时的环境。具体来说就是各个变量和数据，包括所有的寄存器变量、内存信息等。

代码 4.4 进程的运行

```
/* Overview:
 *    Switch CPU context to the specified env 'e'.
 *
 * Post-Condition:
 *    Set 'e' as the current running env 'curenv'.
 *
 * Hints:
 *    You may use these functions: 'env_pop_tf'.
 */
void env_run(struct Env *e) {
  assert(e->env_status == ENV_RUNNABLE);
  /* Step 1:
   *    If 'curenv' is NULL, this is the first time through.
   *    If not, we are switching from a previous env, so save its context into
   *      'curenv->env_tf' first.
   */
  if (curenv) {
    curenv->env_tf = *((struct Trapframe *)KSTACKTOP - 1);
  }

  /* Step 2: Change 'curenv' to 'e'. */
  curenv = e;
  curenv->env_runs++; // lab6

  /* Step 3: Change 'cur_pgdir' to 'curenv->env_pgdir', switching to its
```

```
        address space. */

    /* Step 4: Use 'env_pop_tf' to restore the curenv's saved context (registers)
        and return/go
     * to user mode.
     *
     * Hint:
     *    You should use 'curenv->env_asid' here.
     *    'env_pop_tf' is a 'noreturn' function: it restores PC from 'cp0_epc'
            thus not
     * returning.
     */
    }
```

其实这里运行一个新进程往往意味着是进程切换，而不是单纯的进程运行。进程切换，顾名思义，就是暂停当前进程的工作，让出 CPU 来运行另外的进程。那么，要理解进程切换，就要知道进程切换时系统需要做些什么，而绝不是直接按 Alt+Tab 键就可以实现的。实际上进程切换时，为了保证下一次进入这个进程的时候不会"从头再来"，而是有记忆地从离开的地方继续往后走，就需要保存一些信息，包括进程本身的信息及与进程相关的环境信息。

事实上，进程本身的信息无非就是进程控制块中的那些字段，如 env_id、env_parent_id、env_pgdir 等。这些字段信息在进程切换后还保留在原进程控制块中，并不会改变，因此不需要保存。而会发生变化的实际上是与进程相关的环境信息，这才是需要保存的内容。也就是 env_tf 中的进程上下文。

现在读者可能会问，进程运行到某个时刻，它的上下文——所谓的 CPU 寄存器在哪里呢？又该如何保存？在本实验中寄存器状态保存的地方是 KSTACKTOP 以下的区域。

curenv->env_tf = * ((struct Trapframe *) KSTACKTOP - 1) 中的curenv->env_tf 就是当前进程的上下文所存放的区域，将 KSTACKTOP 之下的 Trapframe 复制到当前进程的 env_tf 中，可达到保存进程上下文的效果。

总结以上说明，不难看出 env_run 的执行流程如下：
（1）保存当前进程的上下文信息；
（2）切换 curenv 为即将运行的进程；

（3）调用 lcontext 函数，设置全局变量 cur_pgdir 为当前进程页目录地址，这个值将在 TLB 重填时用到；

（4）调用 env_pop_tf 函数，恢复现场，异常返回。

这里用到的 env_pop_tf 是定义在 kern/env_asm.S 中的一个汇编函数。这个函数也呼应了前面提到的进程每次被调度运行前一定会执行的 rfe 汇编指令。

思考 4.5 思考操作系统在何时将什么内容存入 KSTACKTOP 之下的区域。

任务 4.9 完成 env_run。

仔细阅读前文讲解，并根据注释实现 kern/env.c 中的 env_run 函数。

至此，第一部分工作已经完成。

4.2.8 实验正确结果

执行 make test lab=3_1 && make run 编译、运行内核，显示如下信息即通过 env_init 的单元测试。

pe0->env_id 2048

pe1->env_id 4097

pe2->env_id 6146

env_init () work well!

pe1->env_pgdir 83ffb000

env_setup_vm passed!

pe2`s sp register 7f3fdff8

[00000000] free env 00001802

[00000000] free env 00001001

[00000000] free env 00000800

env_check () succeeded!

执行 make test lab=3_2 && make run 编译、运行内核，显示如下信息即通过 load_icode 的单元测试。

testing load_icode for icode_check

segment check：401030 - 4011b0（384）

segment check：402000 - 402fbc（4028）

segment check：402fbc - 403f8c（4048）

load_icode test for icode_check passed!

4.3　中断与异常

此部分与计算机组成原理课程有较大联系，在实现相关任务时，计算机组成原理和操作系统相当于一个大流程的两个阶段，分别负责硬件与软件部分实现。

由计算机组成原理相关知识可知，CPU 不仅仅有常见的 32 个通用寄存器，还有功能广泛的协处理器，而中断/异常部分就用到了其中的控制寄存器 CP0。当然，这不是某一个寄存器，而是一组寄存器，这里用到的是编号为 12、13、14 的三个 CP0 寄存器，其具体功能如表 4.1 所示。

表 4.1　CP0 中第 12~14 号寄存器说明

寄存器助记符	CP0 寄存器编号	功能描述
Status（SR）	12	状态寄存器，包括中断引脚使能，其他 CPU 模式等位域
Cause	13	记录导致异常的原因
EPC	14	异常结束后程序恢复执行的位置

注意 4.4

本书中，将凡是能引起控制流突变的都称为异常，而中断仅仅是异常的一种，并且是仅有的一种异步异常。

SR 寄存器如图 4.1 所示，它是 MIPS R3000 中状态寄存器，其中第 8~15 位为中断屏蔽位，每一位代表一个不同的中断活动，第 10~15 位使能外部中断源，第 8、9 位是 Cause 寄存器软件可写的中断位。

Cause 寄存器如图 4.3 所示，用于保存 CPU 中已经发生哪些中断或者异常。其中，第 8~15 位标志发生了哪些中断，第 10~15 位表示硬件中断，第 8、9 位表示软件中段，当 SR 寄存器中相同位允许中断（为 1）时，Cause 寄存器这一位置位表示产生了中断。第 2~6 位（ExcCode）记录发生了什么异常。

31	30	29	28	27	16	15	8	7	6	2	1	0
BD	0	CE		0		IP		0	ExcCode		0	

图 4.3　Cause 寄存器

MIPS CPU 处理一个异常时大致要完成以下四项工作：
（1）设置 EPC 指向异常结束时重新返回的地址；

（2）设置 SR 位，强制 CPU 进入内核态（行驶更高级的特权）并禁止中断；

（3）设置 Cause 寄存器，用于记录异常发生的原因；

（4）CPU 开始从异常入口位置取指，此后一切交给软件处理。

异常的产生与返回过程如图 4.4 所示。

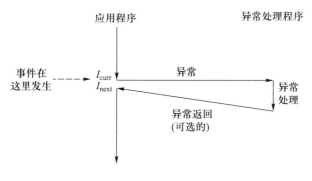

图 4.4 异常处理图示

4.3.1 异常的分发

当发生异常时，处理器会进入一个用于分发异常的程序，这个程序的作用就是检测发生了哪种异常，并调用相应的异常处理程序。一般来说，异常分发程序会被要求放在某个固定的物理地址上，以保证处理器能在检测到异常时正确地跳转到那里。这个分发程序可以认为是操作系统的一部分。

下述代码就是异常分发代码，先将下面代码填充到 entry.S 中，然后分析其功能。

```
.section .text.exc_gen_entry
exc_gen_entry:
    SAVE_ALL
    mfc0    t0, CP0_CAUSE
    andi    t0, 0x7c
    lw      t0, exception_handlers（t0）
    jr      t0
```

任务 4.10 补全 kern/entry.S 文件。

理解异常分发代码，并将异常分发代码填至 kern/entry.S 恰当的部分。

这段异常分发代码的作用与流程如下：

（1）使用 SAVE_ALL 宏将当前上下文保存到内核的异常栈中；

（2）将 Cause 寄存器的内容复制到 k1 寄存器中；

（3）将 execption_handlers 基地址复制到 k0 中；

（4）取得 Cause 寄存器中的 2~6 位，也就是对应的异常码，这是标识不同异常的重要标志；

（5）以得到的异常码作为索引去 exception_handlers 数组中找到对应的中断处理函数；

（6）跳转到对应的中断处理函数处，即响应了异常，并将异常交给相应的异常处理函数去处理。

这里出现了一个新的宏 SAVE_ALL，该宏在后面的实验中也会使用，它将当前的 CPU 现场（上下文）保存到内核的异常栈中，可以在 include/stackframe.h 文件中查看这个宏的定义。

在 SAVE_ALL 中，首先取出了 SR 寄存器的值，然后利用移位等操作判断第 28 位的值，根据前面的讲述可以知道，这就是要判断当前是否处于用户模式。接下来，将 sp 寄存器存储的当前运行栈的地址保存到 k0 中；然后根据中断异常的种类判断需要保存到的位置，在异常栈上分配用于存储一个 Trapframe 的空间，并将其起始地址保存在 sp 寄存器中。由于事先保存了之前的运行栈地址与 2 号寄存器 v0，可以放心使用 sp 寄存器与 v0 寄存器。这之后，只需将其余的寄存器按照相应字段的偏移量，保存到 sp 寄存器指向的 Trapframe 中。

.text.exc_gen_entry 段需要被链接器放到特定的位置，在 R3000 中这一段是要求放到地址 0x80000080 处，这个地址处存放的是异常处理程序的入口地址。一旦 CPU 发生异常，就会自动跳转到地址 0x80000080 处，开始执行。

在 kernel.lds 中增加如下代码，即将.text.exc_gen_entry 放到 0x80000080 处，将.text.tlb_miss_entry 放到 0x80000000 处，以实现异常分发功能。

```
. = 0x80000000;
.tlb_miss_entry : {
  * ( .text.tlb_miss_entry )
}

. = 0x80000080;
.exc_gen_entry : {
  * ( .text.exc_gen_entry )
}
```

任务 4.11　补全 kernel.lds 文件。

根据前文讲解将 kernel.lds 文件补全，使异常发生后可以跳转到异常分发程序处。

4.3.2　异常向量组

异常分发程序通过 exception_handlers 数组定位中断处理程序，而 exception_handlers 就称为异常向量组。

下面分析 kern/traps.c 中的 exception_handlers 数组，以了解异常向量组中存储的内容。

```
extern void handle_int ( void );
extern void handle_tlb ( void );
extern void handle_sys ( void );
extern void handle_mod ( void );
extern void handle_reserved ( void );

void ( *exception_handlers[32] ) ( void ) = {
    [0 ... 31] = handle_reserved,
    [0] = handle_int,
    [1] = handle_mod,
    [2 ... 3] = handle_tlb,
    [8] = handle_sys,
};
```

通过把相应处理函数的地址填到对应数组项中，对如下异常完成初始化工作：

（1）0 号异常的处理函数为 handle_int，表示中断，由时钟中断、控制台中断等中断触发；

（2）1 号异常的处理函数为 handle_mod，表示存储异常，实施存储操作时该页被标记为只读；

（3）2 号异常的处理函数为 handle_tlb，表示 TLB 异常，TLB 中没有和程序地址匹配的有效入口；

（4）3 号异常的处理函数为 handle_tlb，表示 TLB 异常，TLB 失效且未处于异常模式（用于提高处理效率）；

（5）8 号异常的处理函数为 handle_sys，系统调用，陷入内核，执行 syscall 指令。

思考 4.6　试找出上述 5 个异常处理函数的具体实现位置。

一旦初始化结束，当异常产生时，其对应的处理函数就会得到执行。本书实验主要使用 0 号异常，接下来要做的就是产生时钟中断。

4.3.3　时钟中断

由前面的介绍可知，Cause 寄存器中有 8 个独立的中断位。其中 6 位来自外部，另外 2 位是由软件读写的，且不同中断处理起来也会有差异。所以在完成这一部分内容之前，首先来介绍中断处理的流程。

（1）将当前 PC 地址存入 CP0 中的 EPC 寄存器。

（2）将 IEc、KUc 复制到 KUp 和 IEp 中，同时将 IEc 置 0，表示关闭全局中断使能，将 KUc 置 1，表示处于内核态。

（3）在 Cause 寄存器中，保存 ExcCode 段。由于此处是中断异常，对应的异常码为 0。

（4）PC 转入异常分发程序入口。

（5）通过异常分发，判断出当前异常为中断异常，随后进入相应的中断处理程序，在 MOS 中对应 handle_int 函数。

（6）在中断处理程序中进一步判断 Cause 寄存器中是由几号中断位引发的中断，然后进入不同中断对应的中断服务函数。

（7）中断处理完成，将 EPC 的值取到 PC 中，恢复 SR 中相应的中断使能，继续执行。

以上流程中第 1~4 步以及第 7 步是由 CPU 完成的，真正需要我们完成的只有第 5、6 步，而且在这一部分我们只需要实现外设中断中的时钟中断。

下面简单介绍时钟中断的概念。时钟中断和操作系统的时间片轮转算法是紧密相关的。时间片轮转调度是一种很公平的算法。每个进程被分配一个时间段，称为时间片，即该进程允许运行的时间。如果在时间片结束时进程还在运行，则该进程被挂起，切换到另一个进程运行。那么 CPU 是如何知晓一个进程的时间片结束了呢？这是通过定时器产生的时钟中断来实现的。当时钟中断产生时，当前运行的进程被挂起，并在调度队列中选取一个合适的进程去运行。如何"选取"，就要涉及进程的调度了。

要产生时钟中断，不仅要了解中断的产生与处理，还要了解 GXemul 是如何模拟时钟中断的。

kern/kclock.S 中的 kclock_init 函数完成了时钟的初始化,该函数向 0xb5000100 位置写入 0xc8,其中 0xb5000000 是模拟器(GXemul)映射时钟的位置。偏移量为 0x100 表示设置时钟中断的频率,0xc8 表示 1 秒中断 200 次,如果写入 0 则表示关闭时钟。时钟对于 R3000 来说是绑定在 4 号中断上的,故这段代码其实主要用来触发 4 号中断。注意这里的中断号和异常号是不一样的概念,MOS 实验的异常包括中断。

init/init.c 中的 mips_init 函数在完成初始化并创建进程后,需要调用 kclock_init 函数完成时钟中断的初始化,然后调用 kern/env_asm.S 中的 enable_irq 函数开启中断。

一旦时钟中断产生,就会触发 MIPS 中断,系统将 PC 指向 0x80000080,从而跳转到.text.exc_gen_entry 代码段执行。对于时钟引起的中断,通过.text.exc_gen_entry 代码段的分发,最终会调用 handle_int 函数来处理时钟中断。

handle_int 判断了 Cause 寄存器是不是对应的 4 号中断位引发的中断,如果是,则执行中断服务函数 timer_irq,跳转到 schedule 执行。而这个函数就是将要补充的调度函数。

任务 4.12　补充 kclock_init 函数。

通过上面的描述,补充 kern/kclock.S 中的 kclock_init 函数。

思考 4.7　阅读 init.c、kclock_asm.S、env_asm.S 和 genex.S 这几个文件,并尝试说出 enable_irq 和 timer_irq 中每行汇编代码的作用。

4.3.4　进程调度

handle_int 函数的最后跳转到了 schedule 函数。这个函数定义在 kern/sched.c 中,它就是本实验最后要实现的调度函数。调度算法很简单,就是时间片轮转算法。env 中的优先级在这里发挥作用,约定其数值表示进程每次运行的时间片数量。不过,寻找就绪状态进程并不是简单遍历所有进程,而是用一个调度链表来存储所有就绪(可运行)的进程。当内核创建进程时,将其插入进程调度链表的头部;在其退出或不再运行时,将其从调度链表中删除。

调用 schedule 函数时,当前正在运行的进程被存储在全局变量 curenv 中(在第一个进程被调度前为 NULL),其剩余的时间片数量被存储在静态变量 count 中。考虑是否需要从调度链表头部取出一个新的进程来调度,有以下几种应进行进程切换的情况:

- 尚未调度过任何进程
- 当前进程已经用完了时间片

- 当前进程不再就绪（如被阻塞或退出）
- yield 参数指定必须发生切换

在发生切换的情况下，还需要判断当前进程是否仍然就绪，如果是则将其移动到调度链表的尾部。之后，我们从调度链表头部取出一个新的进程来调度，将时间片数量设置为其优先级。

任务 4.13　完成 schedule 函数和修改 env.c 中的部分函数。

根据注释，填写 kern/sched.c 中的 schedule 函数实现切换进程的功能，并根据调度需求对 env.c 中的部分函数进行修改，使进程能够被正确调度。这里给出如下提示：

- 使用静态变量来存储当前进程剩余执行次数
- 调度队列中存在且只存在所有就绪（状态为 ENV_RUNNABLE）的进程

思考 4.8　阅读相关代码，思考操作系统是怎么根据时钟中断切换进程的。

4.4　Lab3 在 MOS 中的概况

图 4.5 展示了 Lab3 中填写的内容在 MOS 系统中的地位和作用，加灰底部分是 Lab3 实现的功能，图中的步骤（或函数调用）表达方式同 Lab2 。

在 4.5 图中，左侧主干是内核初始化的流程（包括创建进程的步骤），右侧是用户进程的运行流程（用户进程中未展开的详细流程用点线表示），中间是异常向量组中与 Lab3 相关的异常处理流程，其中不同的折线表示不同异常的发生和处理流程。

内核初始化完毕后陷入死循环，等待第一次时钟中断来临，通过异常处理来调度已经创建好的用户进程运行，如图 4.5 中右侧主干引出的 Timer Interrupt 虚线所示，虚线中省略的过程与右侧 Timer Interrupt 处的实线完全等价。在用户进程运行过程中，也会遇到中断和异常，如图中右侧主干中引出的不同实线所示，包括两种 TLB 中断：TLB Load Miss 和 TLB Store Miss，以及时钟中断 Timer Interrupt，在时钟中断发生后操作系统实现了进程切换。

图 4.5 中根据箭头方向连接的实线是 PC 的跳转过程。

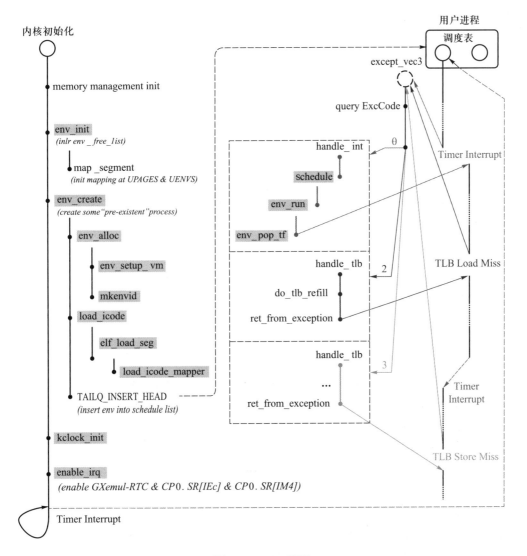

图 4.5 Lab3 概况

4.5 实验正确结果

执行 CFLAGS=−DMOS_SCHED_MAX_TICKS=100 make 或 make test lab=3_3 构建内核，再执行 make run，显示如下信息即通过 Lab3 的测试。

```
  0：00001001
  1：00001001
  2：00000800
  3：00001001
  ...
 96：00001001
 97：00001001
 98：00000800
 99：00001001
100：00001001
101：ticks exceeded the limit 100
```

由以上显示信息可知，进程 1001 与进程 800 交替运行，且前者的执行数量比后者的执行数量多。

4.6　代码导读

为了帮助读者理清 Lab3 代码逻辑和执行流程，这里给出代码导读部分。

Lab3 在 Lab2 基础上增加了两个代码段,名为.tlb_miss_entry 和.exc_gen_entry，其代码定义在 kern/entry.S，实现了分发处理异常的过程，这已在异常分发部分介绍过了，这里不再赘述。

对于 Lab3 来说，重点引入了异常向量表 exception_handlers 数组以及 env_create 和 kclock_init 两个函数。下面进行详细介绍。

（1）exception_handlers：这个数组在前面的中断处理程序中有所涉及，可参看前面.text.exc_gen_entry 代码部分。初始化 0 号异常的处理函数为 handle_int，1 号异常处理函数为 handle_mod，2 号异常处理函数为 handle_tlb，3 号异常处理函数为 handle_tlb，8 号异常处理函数为 handle_sys。初始化结束后，若有异常产生，那么其对应的处理函数就会得到执行。

（2）env_create：创建一个进程，主要分为以下两部分。

① 分配进程控制块：env_alloc 函数从空闲链表中分配一个空闲控制块，并进行相应的初始化工作，重点就是 PC 和 sp 的正确初始化。env_setup_vm 函数的主要工作是：为进程创建一个页表，在该系统中每一个进程都有自己独立的页表，所建立的这个页表主要用于在缺页中断或者 TLB 中断中被服务程序查询，或者对于

具有 MMU 单元的系统，供 MMU 进行查询。

② 载入执行程序将代码复制到新创建的进程的地址空间，通过 load_icode 完成。

（3）kclock_init：该函数向 0xb5000100 位置写入 0xc8，其中 0xb5000000 是模拟器（GXemul）映射时钟的位置，而偏移量为 0x100 表示来设置时钟中断的频率，0xc8 则表示 1 秒中断 200 次，如果写入 0，表示关闭时钟。时钟对于 R3000 来说绑定到了 4 号中断上，时钟中断一旦产生，就会触发中断异常，将 PC 指向 0x80000080，从而跳转到.text.exc_gen_entry 代码段进行异常分发。

（4）handle_int：判断 Cause 寄存器是不是对应的 4 号中断位引发的中断，如果是，则执行中断服务函数 timer_irq。

（5）timer_irq：首先写 0xb5000110 地址响应时钟中断，之后跳转到 schedule 执行。而 schedule 函数会调用引起进程切换的函数来完成进程的切换。注意：这里是第一次进行进程切换，请务必保证 kclock_init 函数在 env_create 函数之后调用。

（6）schedule：引发进程切换，主要分为以下两部分。

① 将正在执行的进程（如果有）的现场保存到对应的进程控制块中。

② 选择一个可以运行的进程，恢复该进程上次被挂起时的现场（对于新创建的进程，创建的时候仅仅初始化了 PC 和 sp，也可以看作一个现场）。这个过程主要通过 env_pop_tf 来完成，该函数其他部分代码比较容易看懂，下面主要看一下关键的数条代码：

```
lw    k0, TF_STATUS（k0）          # 恢复 CP0_STATUS 寄存器
mtc0 k0, CP0_STATUS
j     k1
rfe
```

前面提到，在 env.c 中将进程中的 env_tf.CP0_STATUS 初始化为 0x10001004，这样设置主要是为了让 MOS 操作系统可以正常对中断（Lab3 中主要是时钟中断）进行响应，从而可以正常调用 handle_int 函数，经过 timer_irq、schedule 完成进程切换。

（7）TLB 中断何时被调用？

从上面的分析看，操作系统在时钟的驱动下，通过时间片轮转算法实现进程的并发执行，不过如果没有 TLB 中断，是无法正确运行的。因为每当硬件在取数据或者取指令的时候，都会发出一个所需数据所在的虚拟地址，TLB 就是将这个虚拟

地址转换为对应的物理地址，才能够驱动内存取得正确的数据。但是若 TLB 在转换时发现没有对应于该虚拟地址的项，就会产生一个 TLB 中断。

TLB 对应的中断处理函数是 handle_tlb，通过宏包装了 do_tlb_refill 函数。这个函数完成 TLB 的填充，在 Lab2 中我们已经学习了 TLB 的基本结构，简单来说就是对于不同进程的同一个虚拟地址，结合 ASID 和虚拟地址可以定位到不同的物理地址。下面重点介绍 TLB 缺失处理的过程。

在发生 TLB 缺失的时候，系统会把引发 TLB 缺失的虚拟地址填入 BadVAddr 寄存器，这个寄存器具体的含义可参看 MIPS 手册。接着触发一个 TLB 缺失异常。

从 BadVAddr 寄存器中获取使 TLB 缺失的虚拟地址，接着依据这个虚拟地址查询页表（由 cur_pgdir 指示），找到这个页面所对应的物理页面号，并将这个页面号填入 PFN，也就是 EntryLo 寄存器，填写好之后，tlbwr 指令就会继续将相关内容填入具体的某一项 TLB 表项。

（8）handle_sys：虽然 Lab3 未涉及系统调用，但在这里还是简单介绍一下，相关机制在 Lab4 中会用到。系统调用是通过在用户态执行 syscall 指令来触发的，一旦触发，根据上面的介绍，会调用.text.exc_gen_entry 代码段的代码进行异常分发，最终调用 handle_sys 函数。

这个函数实质上也是一个分发函数，它需要先从用户态复制参数到内核中，然后将第一个参数（系统调用号）作为一个数组的索引，取得该索引所对应的那一项的值，其中这个数组就是 syscall_table（系统调用表），数组里面存放的每一项都是位于内核中的系统调用服务函数的入口地址。一旦找到对应的入口地址，就跳转到该入口处执行相关的代码。

第 5 章 系统调用与 fork

本章相关实验任务在 MOS 操作系统实验中简记为 Lab4。

5.1 实验目的

1. 掌握系统调用的概念及流程。

2. 实现进程间通信机制。

3. 实现 fork 函数。

4. 掌握页写入异常的处理流程。

在用户态下，用户进程不能访问系统的内核空间，也就是说它不能存取内核使用的内存数据，也不能调用内核函数，这一点是由 CPU 的硬件结构保证的。然而，用户进程在特定的场景下往往需要执行一些只能由内核完成的操作，如操作硬件、动态分配内存以及与其他进程进行通信等。允许在内核态下执行用户程序提供的代码显然是不安全的，因此操作系统设计了一系列内核空间中的函数，当用户进程需要实施这些操作时，会引发特定的异常以陷入内核态，由内核调用对应的函数，从而安全地为用户进程提供受限的系统级操作，这种机制称为系统调用。

在 Lab4 中，需要实现上述系统调用机制，并在此基础上实现进程间通信（interprocess communication，IPC）机制和一个重要的进程创建机制 fork。在 fork 部分的实验中，还会介绍一种被称为写时复制（copy-on-write，COW）的特性，以及与其相关的页写入异常处理。

5.2 系统调用

本节着重讨论系统调用（system call）的作用，并加以实现。

5.2.1 用户态与内核态

通过前面章节的学习，相信读者对用户态、用户空间、内核态等概念已经不陌生了。随着 MOS 操作系统功能的不断完善，也需要扩充实现完整的用户态机制，这就包括操作系统中用户进程与内核进行通信的关键机制——系统调用。

首先回顾以下几组概念。

（1）用户态和内核态：也称用户模式和内核模式，它们是 CPU 运行的两种状态。根据 Lab3 的说明，在 MOS 操作系统实验使用的仿真 R3000 CPU 中，该状态由 CP0 SR 寄存器中 KUc 位的值标识。

（2）用户空间和内核空间：它们是虚拟内存（进程的地址空间）中的两部分区域。根据 Lab2 的说明，MOS 中的用户空间包括 kuseg，而内核空间主要包括 kseg0 和 kseg1。每个进程的用户空间通常通过页表映射到不同的物理页，而内核空间则直接映射到固定的物理页 [1]以及外部硬件设备。CPU 在内核态下可以访问任何内存区域，对物理内存等硬件设备有完整的控制权，而在用户态下则只能访问用户空间。

（3）（用户）进程和内核：进程是资源分配与调度的基本单位，拥有独立的地址空间，而内核负责管理系统资源和调度进程，使进程能够并发运行。与前两对概念不同，进程和内核并不是对立的关系，可以认为内核是存在于所有进程地址空间中的一段代码。

5.2.2 系统调用实例

为了理解系统调用的含义，下面选择一个极为简单的程序作为实验对象。在这个程序中，通过 puts 向终端输出一个字符串。

```
#include <stdio.h>

int main () {
        puts ( "Hello World!\n" );
        return 0;
}
```

在 C 语言的用户程序运行环境中，终端通常被抽象为标准输出流，即文件描述符（fd）为 1 的 stdout 文件。通过该文件写入数据，就可以输出文本到终端，而在

---

[1] 这里忽略了 kseg2 的情况。

类 UNIX 操作系统中写入文件是通过 write 系统调用完成的。因此，选择观察 puts 函数来探究系统调用的奥秘。

利用 GDB 进行调试，逐步深入函数，观察 puts 在 C 语言标准库中的具体调用过程 ①。

首先，在配置好相关环境的系统上编写 test.c 代码，并使用 mips-linux-gnu-gcc -g 将其编译为名为 a.out 的可执行文件（其中，mips-linux-gnu-gcc 的作用类似于 gcc，用于交叉编译）。然后使用 qemu-mips -g 12345 a.out 在 MIPS 虚拟机中运行刚刚编译的程序，其中 12345 是远程调试的端口号。紧接着，利用 gdb-multiarch 来远程调试交叉编译的程序（在 GDB 中使用 target remote localhost：12345 连接刚刚运行的程序）。使用 list 指令可以查看当前文件的源代码，我们的目标 puts 函数在文件内第 4 行。接着使用 break 4 指令将断点设置在 puts 这条语句上，并通过 step 指令 ② 单步进入函数。不断调试，当程序到达虚拟机即将输出 Hello World! 时停止（也就是说，此处再运行一次 step 指令就能看到虚拟机输出 Hello World! 了），此时的状态刚好对应"输出前的最后一次函数调用刚刚发生"，调用栈将显示完整的调用过程。若输出后停下，则程序已从最后一层函数返回，调用栈中将无法看到最后一层函数。打印出此时的函数调用栈，可以看出，C 标准库中的 puts 函数实际上实施了很多层函数调用，最终调用底层的 __GI___libc_write 函数实现真正的屏幕打印操作。为了缩减篇幅，对输出的结果进行了适当的简化，如下所示。由于不同版本、不同处理器架构下的 C 标准库的动态链接库可能不同，读者看到的调用栈可能与以下结果略有差异。

```
（gdb）backtrace
#0   __GI___libc_write at ../sysdeps/unix/sysv/linux/write.c：26
#1   0x3fe7210c in _IO_new_file_write at fileops.c：1180
#2   0x3fe70f88 in new_do_write at libioP.h：947
#3   0x3fe737e8 in _IO_new_do_write at fileops.c：425
#4   _IO_new_do_write at fileops.c：422
#5   0x3fe73d64 in _IO_new_file_overflow at fileops.c：783
#6   0x3fe750c4 in __GI__IO_default_xsputn at genops.c：399
#7   __GI__IO_default_xsputn at genops.c：370
#8   0x3fe72b6c in _IO_new_file_xsputn at fileops.c：1264
```

① 通过 QEMU 在 x86 上运行 MIPS 交叉编译器生成的可执行程序进行演示，不同环境下显示的调用栈可能不同。

② 为了加快调试进程，可以尝试 stepi N 指令，N 可为任意数字，这样每次会执行 N 条机器指令。

#9 _IO_new_file_xsputn at fileops.c：1196

#10 0x3fe640fc in __GI___IO_puts at libioP.h：947

#11 0x00400714 in main () at test.c：4

通过 GDB 显示的信息可以看到，__GI____libc_write 函数位于../sysdeps/unix/sysv/linux/write.c 中，该文件位于 C 标准库中。因此，该函数依旧是用户空间函数。为了彻底揭开这个函数的秘密，使用 disassemble 命令对其进行反汇编（限于篇幅，下面给出该函数反汇编结果的一部分）。

（gdb）disassemble ___GI____libc_write

Dump of assembler code for function __GI____libc_write：

```
0x3fef6ae8 <+40>: lw      v0, -30048（v1）
0x3fef6aec <+44>: bnez    v0, 0x3fef6b30 <__GI____libc_write+112>
0x3fef6af0 <+48>: lw      t9, -32068（gp）
0x3fef6af4 <+52>: li      v0, 4004
0x3fef6af8 <+56>: syscall
0x3fef6afc <+60>: bnez    a3, 0x3fef6b28 <__GI____libc_write+104>
0x3fef6b00 <+64>: nop
0x3fef6b04 <+68>: sltiu   v1, v0, -4095
0x3fef6b08 <+72>: beqz    v1, 0x3fef6ba4 <__GI____libc_write+228>
0x3fef6b0c <+76>: negu    a0, v0
0x3fef6b10 <+80>: lw      ra, 44（sp）
0x3fef6b14 <+84>: lw      s2, 40（sp）
0x3fef6b18 <+88>: lw      s1, 36（sp）
0x3fef6b1c <+92>: lw      s0, 32（sp）
0x3fef6b20 <+96>: jr      ra
```

通过 GDB 的反汇编功能可以看到，这个函数最终执行了 syscall 这个极为特殊的指令。从它的名字就能够猜出它的用途，它使进程陷入内核态，执行内核中的相应函数，完成相应的功能。在系统调用完成后，用户空间的相关函数会将系统调用的结果，通过一系列的返回过程，最终反馈给用户程序。

由此可以了解到，系统调用实际上是操作系统为用户态提供的一组接口，进程在用户态下通过系统调用可以访问内核提供的文件系统等服务。

在进行了上面的一系列探究后，下面给出调用 C 标准库中的 puts 函数的过程，如下所示：

第一步：用户调用 puts 函数；

第二步：在一系列的函数调用后，最终调用了 write 函数；

第三步：write 函数为寄存器设置相应的值，并执行 syscall 指令；

第四步：进入内核态，内核中相应的函数或服务被执行；

第五步：回到用户态的 write 函数，将结果从相关的寄存器中取回，并返回；

第六步：再次经过一系列的返回过程后，回到 puts 函数；

第七步：puts 函数返回。

由以上执行过程可获取以下信息：

（1）存在一些只能由内核来完成的操作（如读写设备、创建进程、I/O 等）；

（2）C 标准库中一些函数的实现须依赖于操作系统（如我们所探究的 puts 函数）；

（3）通过执行 syscall 指令，用户进程可以陷入内核态，请求内核提供服务；

（4）系统调用陷入内核态时，需要在用户态与内核态之间进行数据传递与保护。

综上，内核将自己所能够提供的服务以系统调用的方式提供给用户空间，以供用户程序完成一些特殊的系统级操作。这样一来，所有的特殊操作就全部在操作系统的掌控之中了，因为用户程序只能将服务相关的参数交予操作系统，而实际完成需要特权的操作是由内核经过重重检查后执行的，所以系统调用可以确保系统的安全性。

进一步，由于直接使用如 read、write、fork 等系统调用较为麻烦，于是产生了一系列用户空间的应用程序接口（application program interface，API）定义，如 POSIX 和 C 标准库等，它们在系统调用的基础上，实现了更多、更高级的常用功能，以方便用户在编写程序时不用再处理这些烦琐而复杂的底层操作，而是直接通过调用高层次的 API 就能实现各种功能。通过这样巧妙的层次划分，使程序更为灵活，也具备了更好的可移植性。对用户程序来说，只要自己所依赖的 API 不变，无论底层的系统调用如何变化，都不会对自己造成影响，更易于在不同的系统间移植。

5.2.3 系统调用机制的实现

在了解了系统调用的本质之后，就可以着手在 MOS 操作系统中实现一套系统调用机制了。为了使后面的实现思路更清晰，先回顾 Lab3 里面中断异常处理的行为：

（1）处理器跳转到异常分发程序处；

（2）进入异常分发程序，根据 Cause 寄存器值判断异常类型并跳转到对应的处理程序；

（3）处理异常，并返回。

而异常分发向量组中的 8 号异常就是 MOS 操作系统处理系统调用时的中断异常。观察已有代码并跟随用户态 user/lib/debugf.c 中的 debugf 函数来学习其具体流程。

（1）debugf 函数内部的逻辑可分为两部分，一部分负责将参数解析为字符串，一部分负责将字符串输出（debug_output 函数）。

（2）debug_output 函数调用用户空间的 syscall_* 函数。

（3）syscall_* 函数调用 msyscall 函数，系统由此陷入内核态。

（4）内核态中将异常分发到 handle_sys 函数，将系统调用所需要的信息（在此处是需要输出的字符 ch）传入内核。

（5）内核取得信息，执行对应的内核空间的系统调用函数（sys_*）。

（6）系统调用完成，并返回用户态，同时将返回值"传递"回用户态。

（7）从系统调用函数返回，回到用户程序 debugf 调用处。

按照如上流程阅读代码，可总结系统调用的流程如图 5.1 所示。

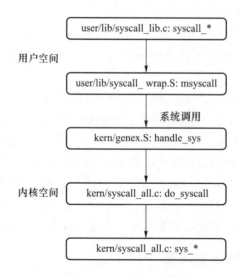

图 5.1　syscall 过程流程图

在用户空间的程序中定义了许多函数，这里以 debugf 函数为例，这一函数实际上并不是最接近内核的函数，它最后会调用一个名为 syscall_putchar 的函数，这个函数定义在 user/lib/syscall_lib.c 中。

实际上，在 MOS 操作系统实验中，这些 syscall_* 函数与内核中的系统调用函数（sys_* 的函数）是一一对应的：syscall_* 函数是用户空间中最接近内核的函数，而 sys_* 函数是内核中系统调用的具体实现部分。在 syscall_* 的函数实现中，毫无例外都调用了 msyscall 函数，而且函数的第一个参数都是一个与调用名相似的宏（如 SYS_putchar），在 MOS 操作系统实验中把这个参数称为系统调用号（可在实验代码中找到这个宏的定义，了解系统调用号的排布规则）。

类似于不同异常类型对应不同的异常号，系统调用号是内核区分不同系统调用的唯一依据。除此之外，msyscall 函数还有 5 个参数，这些参数是系统调用时需要传递给内核的参数。而为了方便传递参数，这里采用的是包含最多参数的系统调用（syscall_mem_map 函数需要 5 个参数）。

进一步的问题是，这些参数究竟是如何从用户态传入内核态的呢？这里就需要用 MIPS 的调用规范来说明了。函数体中不存在函数调用语句的函数称为叶函数；如果函数体中存在函数调用语句，那么该函数称为非叶函数。

我们站在 C 语言的视角分析一个简化的例子：

```
#include <stdio.h>
int g (int x, int y, int z)
{
  int u = x + y + z;
  return u;
}
int f ()
{
  int b = 0, c = 0, d = 0;
  int a = g (b, c, d);
  return 0;
}
```

不难看出，代码中的 f 函数为非叶函数，g 函数为叶函数。回顾内存栈的模型，在 f 函数即将调用 g 函数时，需要先将 g 所需的参数 b、c、d 的值（或值的地址）压入栈，此时再执行 jal g 命令跳转到 g 函数体时，栈中已经保存了对应参数的值（或值的地址），g 函数运行结束后，需要将已经使用完毕的参数从栈中弹出，恢复初始状态。

严格地讲，在 MIPS 的调用规范中，进入函数体时会通过对栈指针做减法（压栈）的方式为该函数自身的局部变量、返回地址、调用函数的参数分配存储空间（叶函数没有后两者），在函数调用结束之后会对栈指针做加法（弹栈）来释放这部分空间，把这部分空间称为栈帧（stack frame）[1]。调用方在自身栈帧的底部预留了被调用函数的参数存储空间（被调用方 g 从调用方 f 的栈帧中取得参数）。

MIPS 寄存器使用规范进一步指出，寄存器 $a0~$a3 用于存放函数调用的前四个参数（但在栈中仍然需要为其预留空间），剩余的参数仅存放在栈中。以 MOS 操作系统为例，msyscall 函数一共有 6 个参数，前 4 个参数会被 syscall_* 的函数分别存入 $a0~$a3 寄存器（寄存器传参的部分），同时栈帧底部保留 16 B 空间（不要求存入参数的值），后两个参数只会被存入预留空间之上的 8 B 空间内（没有寄存器传参），于是有 24 B 的空间用于参数传递。C 代码中的这些调用过程会由编译器自动编译为汇编代码，而在内核中则需要显式地从保存的用户上下文中获取函数的参数值。详情见图 5.2。

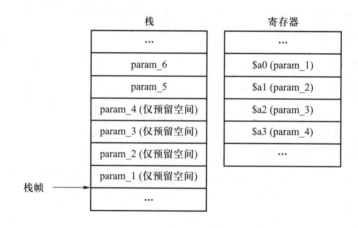

图 5.2　寄存器传参示意图

既然参数的位置已经被合理设置，接下来就需要编写用户空间中的 msyscall 函数了。这个叶函数没有局部变量，也就是说这个函数不需要分配栈帧，只需要执行自陷指令 syscall 来陷入内核态并保证处理结束后函数能正常返回即可。注意，不要将 syscall 指令置于跳转指令的延迟槽中，这可以简化内核中的后续处理。

任务 5.1　实现 user/lib/syscall_wrap.S 中的 msyscall 函数，使用户部分的系统调用机制可以正常工作。

在通过 syscall 指令陷入内核态后，处理器将 PC 寄存器指向一个内核中固定的异常处理入口。在异常向量表中，系统调用这一异常类型的处理入口为 han-

---

① 注意，此处描述的规范与 main 函数的命令行传参不同。

dle_sys 函数，它是在 kern/genex.S 中定义的、对 do_syscall 函数的包装，需要首先在 kern/syscall_all.c 中实现 do_syscall 函数。

需要注意的是，陷入内核态的操作并不是从一个函数跳转到另一个函数，代码使用的栈指针 $sp 是内核空间中的栈指针。系统从用户态切换到内核态后，内核首先需要将原用户进程的运行现场保存到内核空间（在 kern/entry.S 中通过 SAVE_ALL 宏完成），随后的栈指针则指向保存的 Trapframe，因此可借助这个保存的结构体来获取用户态中传递过来的值（例如，用户态下 $a0 寄存器的值保存在内核栈的 TF_REG4（sp）处）。当内核在以 handle_ 开头的包装函数中调用实际进行异常处理的 C 函数时，这个栈指针将作为参数传递给 C 函数，因此可以在 C 语言中通过 struct Trapframe * 来获取用户态现场中的参数。详见代码 5.1。

代码 5.1 内核的系统调用处理程序

```
void do_syscall(struct Trapframe *tf) {
    int (*func)(u_int, u_int, u_int, u_int, u_int);
    int sysno = tf->regs[4];
    if (sysno < 0 || sysno >= MAX_SYSNO) {
        tf->regs[2] = -E_NO_SYS;
        return;
    }

    /* Step 1: Add the EPC in 'tf' by a word (size of an instruction). */
    /* Exercise 4.2: Your code here. (1/3) */


    /* Step 2: Use 'sysno' to get 'func' from 'syscall_table'. */
    /* Exercise 4.2: Your code here. (2/3) */


    /* Step 3: First 3 args are stored at $a1, $a2, $a3 */
    u_int arg1 = tf->regs[5];
    u_int arg2 = tf->regs[6];
    u_int arg3 = tf->regs[7];

    /* Step 4: Last 2 args are stored at [$sp + 16 bytes], [$sp + 20 bytes] */
    u_int arg4 = *((u_int *)tf->regs[29] + 4);
```

```
u_int arg5 = *((u_int *)tf->regs[29] + 5);

/* Step 5: Invoke 'func' with retrieved arguments and store its return value
    to $v0 in 'tf'. */
/* Exercise 4.2: Your code here. (3/3) */


}
```

思考 5.1　思考并回答下面的问题。

（1）内核在保存现场的时候是如何避免破坏通用寄存器的?

（2）系统陷入内核调用后可以直接从当时的 $a0~$a3 参数寄存器中得到用户调用 msyscall 时留下的信息吗?

（3）怎么让以 sys 开头的函数 "认为" 已经提供了和用户调用 msyscall 时同样的参数?

（4）内核处理系统调用的过程对 Trapframe 做了哪些更改? 这种修改对应的用户态的变化是什么?

任务 5.2　根据 kern/syscall_all.c 中的提示，完成 do_syscall 函数，使内核部分的系统调用机制可以正常工作。

做完这一步，整个系统调用的机制已经可以正常工作了，接下来就要实现几个具体的系统调用了。

5.2.4　基础系统调用函数

在了解系统调用机制后，接下来要实现几个系统调用。kern/syscall_all.c 中定义了一系列系统调用，它们就是 MOS 系统的基础系统调用，后续的 IPC 与 fork 机制都以这些系统调用为支撑。

sys_mem_alloc 函数的主要功能是分配内存，简单来说，用户程序可以通过这个系统调用给该程序所允许的虚拟内存空间显式地分配实际的物理内存。从程序员的视角来看，这就是用户编写的程序在内存中申请了一片空间；而对于操作系统内核来说，这是一个进程请求将其运行空间中的某段地址与实际物理内存进行映射，从而可以通过该虚拟页面来对物理内存进行存取访问。那么内核怎样确定发出请求的进程是哪一个呢? 又是如何完成分配与映射呢? 请回顾进程虚拟页面映射机制、物理内存申请机制，可能用到的函数有 page_alloc、page_insert。要注意与页面位置和权限位相关的判断：页面的虚拟地址不应超过用户地址空间的上限，权限位要求页面有效（即 PTE_V 位为 1）以及不允许写时复制（即 PTE_COW 位为 0,

对于写时复制的概念稍后可以了解到），否则不进行内存分配操作，返回错误代码
-E_INVAL。

sys_mem_alloc 接收一个进程的标识符（envid）作为参数，那么它如何才能
找到该 ID 对应的进程控制块呢？

任务 5.3 实现 kern/env.c 中的 envid2env 函数。

实现通过一个进程的 ID 获取该进程控制块的功能。提示：可以利用 include/env.h 中的宏函数 ENVX。

思考 5.2 思考 envid2env 函数：为什么 envid2env 中需要判断 e->env_id !=
envid 的情况？如果没有这步判断会发生什么？

任务 5.4 实现 kern/syscall_all.c 中的 int sys_mem_alloc（int sysno, u_int
envid, u_int va, u_int perm）函数。

sys_mem_map 函数的参数很多，但是意义很直接：将源进程地址空间中的相
应内存映射到目标进程的相应地址空间的相应虚拟内存中。换句话说，此时两者共
享一页物理内存。具体实现逻辑为：首先找到需要操作的两个进程，其次获取源进
程的虚拟页面对应的实际物理页面，最后将该物理页面与目标进程的相应地址完成
映射。可能用到的函数有 page_alloc、page_insert、page_lookup。注意与页面位
置和权限位相关的判断：页面的虚拟地址不应超过用户地址空间的上限，权限位要
求页面有效（即 PTE_V 位为 1），不允许将一个不具有可写权限的页面映射到一
个具有可写权限的页面地址（即原页面的权限中 PTE_D 为 0，但映射之后的页面
权限中 PTE_D 为 1），否则不进行页面映射操作，返回错误代码-E_INVAL。

任务 5.5 实现 kern/syscall_all.c 中的 int sys_mem_map（int sysno, u_int
srcid, u_int srcva, u_int dstid, u_int dstva, u_int perm）函数。

sys_mem_unmap 函数功能是解除某个进程地址空间虚拟内存和物理内存之
间的映射关系。可能用到的函数有 page_remove。

任务 5.6 实现 kern/syscall_all.c 中的 int sys_mem_unmap（int sysno, u_int
envid, u_int va）函数。

除了与内存相关的函数外，另外一个常用的系统调用函数是 sys_yield。这个
函数的功能是使用户进程放弃 CPU 控制权，从而调度其他进程。可以利用之前已
经编写好的函数 schedule。

任务 5.7 实现 kern/syscall_all.c 中的 void sys_yield（void）函数。

读者可能已经注意到，在此系统调用函数并没使用它的第一个参数 sysno，在
这里，sysno 作为系统调用号被传入，现在仅实现"占位"作用，能和之前用户层面
的系统调用函数参数传递顺序相匹配。

157

至此,能够进一步理解进程与内核间的关系并非对立:在内核处理进程发起系统调用时,并没有切换地址空间(页目录地址),也不需要将进程上下文(Trapframe)保存到进程控制块中,只是切换到内核态下,并执行相应的内核代码。可以说,处理系统调用时的内核仍然是当前进程,这也是系统调用、TLB 缺失等同步异常与时钟中断等异步异常的本质区别。

实现系统调用后,就可以编写并运行用户程序,利用系统调用让用户程序在控制台上输出文本了。

5.3　进程间通信机制

进程间通信机制(IPC)是微内核最重要的机制之一。

> **注意 5.1**
>
> 　　20 世纪末,微内核设计逐渐成为一个热点。微内核设计主张将传统操作系统中的设备驱动、文件系统等可在用户空间实现的功能,移出内核,作为普通的用户程序来实现。这样,即使它们崩溃,也不会影响整个系统的稳定。其他应用程序通过进程间通信来请求文件系统等相关服务。因此,在微内核中 IPC 是一个十分重要的机制。

IPC 机制的实现远远没有我们想象的那样神秘,特别是在简化了的 MOS 操作系统中。IPC 机制的实现使系统中的进程之间拥有了相互传递消息的能力,为后续实现 fork、文件系统服务、管道和 Shell 均有着极大的帮助。由之前的讨论可知,IPC 的目的是使两个进程之间可以通信,IPC 需要通过系统调用来实现,IPC 还与进程的数据、页面等信息有关。

所谓通信,最直观的一种理解就是交换数据。假如能够让一个进程有能力将数据传递给另一个进程,那么进程之间自然就具有了通信的能力。但是,要实现数据的交换,面临的最大问题是什么呢?没错,问题就在于各个进程的地址空间是相互独立的。相信读者在实现内存管理的时候已经深刻体会到了这一点,每个进程都有各自的地址空间,这些地址空间之间是相互独立的,同一个虚拟地址可能在不同进程下对应不同的物理页面,自然对应的值就不同。因此,要想传递数据,我们就需要想办法把一个地址空间中的信息传给另一个地址空间。

我们知道,所有的进程都共享同一个内核空间(主要为 kseg0)。因此,要想在不同空间之间交换数据,就需要借助内核空间来实现。发送方进程可以将数据以系统调用的形式存放在内核空间中，接收方进程同样以系统调用的方式在内核找到对应的数据，读取并返回。

那么，把要传递的消息放在哪里比较好呢？发送和接收消息都与进程有关，消息都是由一个进程发送给另一个进程的。内核与进程最相关的就是进程控制块，如下所示。

```
struct Env {
    // lab 4 IPC
    u_int env_ipc_value;     // data value sent to us
    u_int env_ipc_from;      // envid of the sender
    u_int env_ipc_recving;   // env is blocked receiving
    u_int env_ipc_dstva;     // va at which to map received page
    u_int env_ipc_perm;      // perm of page mapping received
};
```

在进程控制块中，env_ipc_value 表示进程传递的具体数值；env_ipc_from 表示发送方的进程 ID；env_ipc_recving 为 1 表示等待接收数据，为 0 表示不可接收数据；env_ipc_dstva 表示接收到的页面需要与自身的哪个虚拟页面完成映射；env_ipc_perm 表示传递的页面的权限位设置。

了解了以上内容，下面开始实现 IPC 机制。

任务 5.8　实现 kern/syscall_all.c 中的 void sys_ipc_recv（int sysno, u_int dstva）函数和 int sys_ipc_can_send（int sysno, u_int envid, u_int value, u_int srcva, u_int perm）函数。

sys_ipc_recv（int sysno, u_int dstva）函数用于接收消息。

（1）首先将自身的 env_ipc_recving 设置为 1，表明该进程准备好接收发送方的消息。

（2）为 env_ipc_dstva 赋值，表明自己要将接收的页面与 dstva 完成映射。

（3）阻塞当前进程，即把当前进程的状态置为不可运行（ENV_NOT_RUNNABLE）。

（4）放弃 CPU（调用相关函数重新进行调度），安心等待发送方将数据发送过来。

sys_ipc_can_send（int sysno, u_int envid, u_int value, u_int srcva, u_int perm）函数用于发送消息。

（1）根据 envid 找到相应进程，如果指定进程为可接收状态（考虑 env_ipc_recving），则发送成功。

（2）否则，函数返回-E_IPC_NOT_RECV，表示目标进程未处于接收状态。

（3）清除接收进程的接收状态，将相应数据填入进程控制块，传递物理页面的映射关系。

（4）修改进程控制块中的进程状态，使接收数据的进程可继续运行（ENV_RUNNABLE）。

IPC 的大致流程如图 5.3 所示。

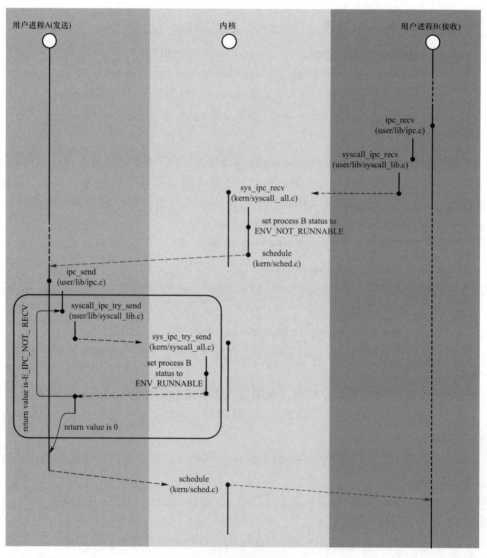

图 5.3 IPC 流程图

值得一提的是，由于在用户程序中会大量使用 srcva 为 0 的调用来表示只传 value 值，而不需要传递物理页面，换句话说，只有当 srcva 不为 0 时，才需要建立两个进程的页面映射关系。因此在编写相关函数时也需要注意此种情况。

思考 5.3 思考下面的问题，并对这个问题谈谈你的理解：请回顾 kern/env.c 文件中 mkenvid 函数的实现，该函数不会返回 0，请结合系统调用和 IPC 部分的实现与 envid2env 函数的行为进行解释。

5.4 fork

在 Lab3 曾提到过，内核通过 env_alloc 函数创建一个进程。但如果要让一个进程创建一个进程，就像是父亲与孩子那样，我们就需要基于系统调用，引入新的 fork 机制来实现。那么 fork 究竟是什么呢？

5.4.1 初窥 fork

fork，直接翻译是叉子的意思，而在操作系统中表示分叉，就好像一条河流动着，遇到一个分叉口，分成两条河一样，fork 就是那个分叉口。在操作系统中，一个进程在调用 fork 函数后，将从此分成两个进程运行，其中新产生的进程称为原进程的子进程。对于操作系统而言，子进程开始运行时的大部分上下文状态与原进程相同，包括程序镜像、通用寄存器和程序计数器 PC 等。在新的进程中，fork 调用的返回值为 0，而在旧进程，也就是所谓的父进程中，同一调用的返回值是子进程的进程 ID（MOS 中的 env_id），且一定大于 0[①]。fork 在父子进程中产生不同返回值这一特性，允许用户在代码中调用 fork 后判断当前是在父进程中还是在子进程中，以执行不同的后续逻辑，也使父进程能够与子进程进行通信。

那么，fork 执行完为什么不直接生成一个空白的进程块，生成一个几乎和父进程一模一样的子进程的作用是什么呢？事实上，fork 是 Linux 操作系统中创建新进程最主要的方式，这是因为相比独立开始运行的两个进程，父子进程间的通信要方便得多。因为 fork 虽然不会构成进程间的统治关系[②]，但子进程中仍能读取原属于父进程的部分数据，父进程也可以根据 fork 返回的子进程 ID，通过调用其他系统接口来控制其行为。

与 fork 经常"纠缠不清"的，是名为 exec 的一系列系统调用。它会使进程抛

---

① 在 fork 调用失败的情况下，子进程不会被创建，且父进程将得到小于 0 的返回值。

② 默认情况下，父进程退出后子进程不会被强制杀死。在操作系统看来，父子进程之间更像是兄弟关系。

弃现有的"一切"信息，另起炉灶执行新的程序。若在进程中调用 exec，进程的地址空间（以及在内存中持有的所有数据）都将被重置，新程序的二进制镜像将被加载到其代码段，从而让一个从头运行的全新进程取而代之。fork 的一种常见应用就称为 fork-exec，指在 fork 函数创建的子进程中调用 exec，从而在创建的新进程中运行另一个程序。

　　为了让读者对 fork 的认识不仅仅停留在理论层面，下面来做一个小实验，如代码 5.2 所示。

代码 5.2　理解 fork

```c
#include <stdio.h>
#include <unistd.h>

int main() {
        int var = 1;
        long pid;
        printf("Before fork, var = %d.\n", var);
        pid = fork();
        printf("After fork, var = %d.\n", var);
        if (pid == 0) {
                var = 2;
                sleep(3);
                printf("child got %ld, var = %d", pid, var);
        } else {
                sleep(2);
                printf("parent got %ld, var = %d", pid, var);
        }
        printf(", pid: %ld\n", (long) getpid());
        return 0;
}
```

　　使用 gcc fork_test.c && ./a.out 运行以上代码，得到的输出信息如下所示（pid 可能不同）：

Before fork, var = 1.

After fork, var = 1.

After fork，var = 1.

parent got 16903，var = 1，pid：16902

child got 0，var = 2，pid：16903

从这段简短的代码里可以获取到很多信息，例如：

- 只有父进程会执行 fork 之前的代码段；
- 父子进程同时开始执行 fork 之后的代码段；
- fork 在不同的进程中返回值不一样，在子进程中返回值为 0，在父进程中返回值不为 0，而是子进程的 pid（Linux 中进程专属的 ID，类似于 MOS 中的 envid）；
- 父进程和子进程之间虽然有很多信息相同，但它们的进程控制块是不同的。

从上面的小实验也能看出来，子进程实际上就是以父进程的代码段等内存数据以及进程上下文等状态为模板而"雕琢"出来的。但即使如此，父子进程也还是有很多不同的地方。

思考 5.4   思考下面的问题，并对这两个问题谈谈你的理解。

- 子进程完全按照 fork 之后父进程的代码执行，说明了什么？
- 但是子进程却没有执行 fork 之前父进程的代码，又说明了什么？

思考 5.5   关于 fork 函数的两个返回值，下面说法正确的是（   ）。

A. fork 在父进程中被调用了两次，产生两个返回值

B. fork 在两个进程中分别被调用了一次，产生两个不同的返回值

C. fork 只在父进程中被调用了一次，在两个进程中各产生一个返回值

D. fork 只在子进程中被调用了一次，在两个进程中各产生一个返回值

下面简要概括整个 fork 实现过程中可能需要阅读或实现的文件。

（1）kern/syscall_all.c:sys_exofork、sys_set_env_status、sys_set_tlb_mod_entry 函数是需要完成的函数。

（2）kern/tlbex.c: do_tlb_mod 函数负责完成写时复制处理前的相关设置，也是需要完成的函数。

（3）user/lib/fork.c: fork 函数是本次实验的重点函数，我们将分多个步骤来完成这个函数。

（4）user/lib/fork.c:cow_entry 函数是写时复制处理的函数，也是 do_tlb_mod 后续会调用的函数，负责对带有 PTE_COW 标志的页面进行处理，是本次实验需要完成的主要函数之一。

（5）user/lib/fork.c:duppage 函数是父进程对子进程页面空间进行映射以及设置相关标志的函数，是本次实验需要完成的主要函数之一。

（6）user/lib/entry.S：用户进程的入口，是需要了解的函数之一。

（7）user/lib/libos.c：用户进程入口的 C 语言部分，负责执行用户程序 main 前后的准备和清理工作，是需要了解的函数之一。

（8）kern/genex.S：该文件实现了 MOS 的异常处理流程，虽然不是需要实现的重点，但是建议读者认真阅读，理解中断处理的流程。

本实验中 MOS 系统的 fork 函数流程大致如图 5.4 所示，其中的大部分函数也是本次实验的任务，会在后续详细介绍。

5.4.2　写时复制机制

在初步了解 fork 后，不要着急实现它，先来了解关于 fork 的内部细节。在调用 fork 时，操作系统会为新进程分配独立的虚拟地址空间，但分配独立的地址空间并不意味着一定会分配额外的物理内存。实际上，刚创建好的子进程使用的仍然是其父进程使用的物理内存，子进程地址空间中的代码段、数据段、堆栈等都被映射到父进程中相同区段对应的页面，这也是子进程能“复制”父进程状态往后执行的一个原因。也就是说，虽然两者的地址空间（页目录和页表）是不同的，但是它们此时还对应相同的物理内存。

读者可能会产生疑问：既然父子进程需要独立并发运行，而现在又说共享物理内存，这不是矛盾吗？按照共享物理内存的说法，父子进程执行不同逻辑时对相同的内存进行读写，岂不是会造成数据冲突？

这两种说法实际上不矛盾，因为父子进程共享物理内存是有前提条件的：共享的物理内存不会被任一进程修改。那么，对于那些父进程或子进程修改的内存又该如何处理呢？这里引入一个新的概念——写时复制（COW）。COW 类似于一种对虚拟页的保护机制，通俗来讲就是当 fork 后的父子进程中有修改内存（一般是数据段或栈）的行为发生时，系统会捕获一种异常，并在异常处理时为修改内存的进程地址空间中相应地址分配新的物理页面。一般来说，子进程的代码段仍会共享父进程的物理空间，两者的程序镜像也完全相同①。在这样的保护机制下，用户程序可以在逻辑上认为在执行 fork 时父进程中内存的状态被完整复制到了子进程中，此后父子进程可以独立操作各自的内存。

---

① 如果进程调用了 exec，其代码段也可能被修改，并被映射到新的物理内存。

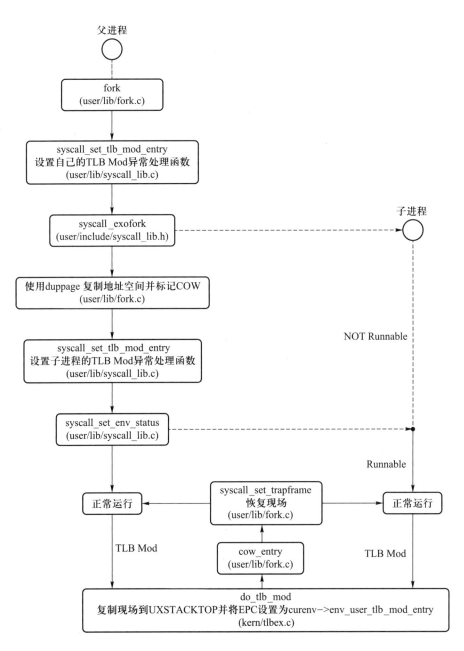

图 5.4   fork 流程图

在 MOS 操作系统实验中，进程调用 fork 时，需要对其所有的可写入内存页面设置页表项标志位 PTE_COW 并取消可写位 PTE_D，以实现写时复制保护。无论父进程还是子进程何时试图写一个被保护的页面，都会产生一个页写入异常，而在其处理函数中，操作系统需要进行写时复制，把该页面重新映射到一个新分配的物理页中，并将原物理页中的内容复制过来，同时取消虚拟页的这一标志位。其实现会在后文详细介绍。

注意 5.2

早期的 UNIX 系统对于 fork 采取的策略是：直接把父进程所有的资源复制给新创建的进程。这种实现过于简单，并且效率非常低。因为它复制的内存也许是需要父子进程共享的，当然更糟的情况是，如果新进程打算通过调用 exec 执行一个新的程序镜像，那么所有的副本都将被丢弃。

5.4.3　fork 函数返回值

在 MOS 操作系统实验中，需要强调的一点是我们实现的 fork 是一个用户态函数，fork 函数中需要若干个"原子的"系统调用来完成所期望的功能。其中最核心的一个系统调用就是进程创建函数 syscall_exofork。

在 fork 的实现中，通过判断 syscall_exofork 的返回值来决定 fork 的返回值以及后续动作，所以会有以下类似的代码：

```
envid = syscall_exofork ();
if ( envid == 0 ) {
  // 子进程
  ...
} else {
  // 父进程
  ...
}
```

既然 fork 的目的是使父子进程处于几乎相同的运行状态，那么就可以认为在返回用户态时，父子进程应该经历了同样的恢复运行现场的过程，只不过对于父进程而言是从系统调用中返回时恢复现场，而对于子进程而言则是在进程被调度时恢复现场。在现场恢复后，父子进程都会从内核返回到 msyscall 函数，而它们的现场中存储的返回值（即 $v0 寄存器的值）是不同的。这一返回值随后再被返回到 syscall_exofork 和 fork 函数，使 fork 函数也能区分二者。

为了实现这一特性，需要先实现 sys_exofork 的几个任务，在它分配一个新的进程控制块后，还需要用一些当前进程的信息作为模板来填充这个控制块。

（1）运行现场：将当前进程的运行现场（进程上下文）Trapframe 复制到子进程的进程控制块中。

（2）程序计数器：子进程的现场中的程序计数器（PC）应该被设置为从内核态返回后的地址，也就是使它陷入异常的 syscall 指令的后一条指令的地址。在之前完成的实验任务中，这个值已经保存于 Trapframe 中。

（3）返回值：系统调用本身需要一个返回值，我们希望系统调用返回的 envid 只传递给父进程，对于子进程则需要修改其保存现场 Trapframe，从而在恢复现场时用 0 覆盖系统调用原来的返回值。

（4）进程状态：不能让子进程在父进程 syscall_exofork 返回后就直接被调度，因为这时候它还没有做好充分的准备，所以需要避免把它加入调度队列。

（5）其他信息：观察 Env 结构体的结构，思考还有哪些字段需要进行初始化，这些字段的初值应该是继承自父进程还是使用新的值，如果这些字段没有被初始化会有什么后果。提示：考虑 env_pri。

任务 5.9 请根据上述步骤以及代码中的注释提示，实现 kern/syscall_all.c 中的 sys_exofork 函数。

5.4.4 父子进程实现

MOS 允许进程访问自身的进程控制块，而在 user/lib/libos.c 的实现中，用户程序在运行时入口会将一个用户空间中的指针变量 struct Env *env 指向当前进程的控制块。对于 fork 后的子进程，它具有一个与其父进程不同的进程控制块，因此在子进程第一次被调度的时候（当然这时还是在 fork 函数中）需要对 env 指针进行更新，使其仍指向当前进程的控制块。这一更新过程与运行时入口对 env 指针的初始化过程相同，具体步骤如下。

（1）通过一个系统调用来取得自己的 envid，因为对于子进程而言 syscall_exofork 返回的是一个 0 值。

（2）根据获得的 envid，计算对应的进程控制块的下标，将对应的进程控制块的指针赋给 env。

执行完上面步骤，当子进程醒来时，就可以从 fork 函数正常返回，开始执行自己的代码了。

任务 5.10　按照上述提示，在 user/lib/fork.c 的 fork 函数中填写关于 sys_exofork 部分和随后子进程需要执行的部分。

当然，只完成子进程部分，子进程还不能正常运行，因为父进程在子进程醒来之前还需要做更多的准备，这些准备中最重要的一步是将父进程地址空间中需要与子进程共享的页面映射给子进程，这需要我们遍历父进程的大部分用户空间页，并使用 duppage 函数来完成这一过程。执行 duppage 时，对于可以写入页面的页表项，在父进程和子进程中都需要加上 PTE_COW 标志位，同时取消 PTE_D 标志位，以实现写时复制保护。

思考 5.6　我们并不应该对所有的用户空间页都使用 duppage 进行映射。那么究竟哪些用户空间页应该映射，哪些不应该呢？请结合本章后续给出的 kern/env.c 中 env_init 函数的页面映射以及 include/mmu.h 的内存布局图进行思考。

思考 5.7　在遍历地址空间存取页表项时需要用到 vpd 和 vpt 这两个指针，请参考 user/include/lib.h 中的相关定义，思考并回答以下几个问题。

（1）vpt 和 vpd 的作用是什么？怎样使用它们？

（2）从实现的角度出发，为什么进程能够通过这种方式来存取自身的页表呢？

（3）它们是如何体现自映射的？

（4）进程能够通过这种方式来修改自己的页表项吗？

在 duppage 函数中，唯一需要强调的一点是，要对具有不同权限位的页使用不同的方式进行处理。可能会遇到如下几种情况。

（1）只读页面：对于不具有 PTE_D 权限位的页面，按照相同权限（只读）映射给子进程即可。

（2）写时复制页面：即具有 PTE_COW 权限位的页面。这类页面是之前调用 fork 时执行 duppage 的结果，且在本次调用 fork 前必然未被写入过。

（3）共享页面：即具有 PTE_LIBRARY 权限位的页面。这类页面需要保持共享可写的状态，即在父子进程中映射到相同的物理页，使对其进行修改的结果相互可见。在文件系统部分的实验中会用到这样的页面。

（4）可写页面：即具有 PTE_D 权限位，且不符合以上特殊情况的页面。这类页面需要在父进程和子进程的页表项中都使用 PTE_COW 权限位进行保护。

任务 5.11　结合代码注释以及上述提示，实现 user/lib/fork.c 中的 duppage 函数。

> **注意 5.3**
>
> 　　在用户态下实现的 fork 并不是一个原子的过程，所以会出现来不及为堆栈所在页面设置写时复制的情况，这时对堆栈的修改（比如发生了其他的函数调用）会被非叶函数 syscall_exofork 调用的栈帧返回地址覆盖。这一问题对于父进程来说是理所当然的，然而对于子进程来说，这个覆盖导致的后果就是在从 syscall_exofork 返回时跳转到一个不可预知的位置导致系统崩溃。当然目前代码已经修补了：与其他系统调用函数不同，syscall_exofork 是一个内联（inline）的函数，也就是说这个函数并不会被编译为一个函数，而是直接内联展开到 fork 函数。所以 syscall_exofork 的栈帧就不存在了，msyscall 函数直接返回到 fork 函数，如此这个问题就解决了。

　　在完成写时复制的保护机制后，还不能让子进程处于可被调度的状态，因为作为父亲它还有其他的责任——为将写时复制页写入异常处理程序做好准备。

5.4.5　页写入异常

　　内核在捕获到一个常规的缺页中断（TLB 缺失异常）时会陷入异常，跳转到异常处理函数 handle_tlb 中，这一汇编函数的实现在 kern/genex.S 中，通过调用 do_tlb_refill 函数，在页表中查找，将物理地址填入 TLB 并返回用户程序中的异常地址，再次执行访存指令。

　　前面介绍了写时复制（COW）特性，这种特性也是依赖于异常处理的。当用户程序写入一个在 TLB 中被标记为不可写入（无 PTE_D）的页面时，MIPS 会陷入页写入异常（TLB Mod），我们在异常向量组中为其注册了一个处理函数 handle_mod，这一函数会跳转到 kern/tlbex.c 中的 do_tlb_mod 函数，这个函数正是处理页写入异常的内核函数。对于需要写时复制（COW）的页面，只需取消其 PTE_D 标记，即可在它们被写入时触发 do_tlb_mod 中的处理逻辑。

　　你可能会发现，do_tlb_mod 函数似乎并没有进行页面复制等 COW 的处理操作。事实上，MOS 操作系统按照微内核的设计理念，尽可能地将功能实现于用户空间，其中也包括了页写入异常的处理，因此主要的处理过程是在用户态下完成的。

　　如果需要在用户态下完成页写入异常的处理，是不能直接使用正常情况下的用户栈的（因为发生页写入异常的也可能是正常栈的页面），所以用户进程需要用一个单独的栈来执行处理程序，我们把这个栈称作异常处理栈，它的栈顶对应的是内存布局中的 UXSTACKTOP。此外，内核还需要知晓进程自身的处理函数所在地址，它的地址存在于进程控制块的 env_user_tlb_mod_entry 域中，这个地址也需要事先由父进程通过系统调用设置。

综上所述，在 MOS 操作系统中，处理页写入异常的大致流程可以概括如下。

（1）用户进程触发页写入异常，陷入内核中的 handle_mod，再跳转到 do_tlb_mod 函数。

（2）do_tlb_mod 函数负责将当前现场保存在异常处理栈中，并设置 a0 和 EPC 寄存器的值，保证从异常恢复后能够以异常处理栈中保存的现场（Trapframe）为参数，跳转到 env_user_tlb_mod_entry 域存储的用户异常处理函数的地址处。

（3）从异常恢复到用户态，跳转到用户异常处理函数中，由用户程序完成写时复制等自定义处理。

处理 COW 时，我们需要注册的页写入异常用户处理函数是 fork.c 中定义的 cow_entry 函数。这个函数进行写时复制处理之后，使用系统调用 syscall_set_trapframe 恢复事先保存好的现场，其中也包括 sp 和 PC 寄存器的值，使用户程序恢复执行。

任务 5.12　根据上述提示以及代码注释，完成 kern/tlbex.c 中的 handle_mod 函数，设置保存现场中 EPC 寄存器的值。

思考 5.8　在 handle_mod 函数中，有一个向异常处理栈复制 Trapframe 运行现场的过程，请思考并回答以下几个问题。

● 这里实现了一个支持类似于"异常重入"的机制，在什么时候会出现这种"异常重入"呢？

● 内核为什么需要将异常现场 Trapframe 复制到用户空间中？

再回到 fork 函数，在调用 syscall_exofork 之前，我们需要使用 syscall_set_tlb_mod_entry 函数来注册自身的页写入异常处理函数，也就是前面提到的 env_user_tlb_mod_entry 域指向的用户处理函数。这里需要通过系统调用告知内核自身的处理程序是 cow_entry。需要完成的是内核中系统调用处理函数 sys_set_tlb_mod_entry，将进程控制块的 env_user_tlb_mod_entry 域设为输入参数。

任务 5.13　完成 kern/syscall_all.c 中的 sys_set_tlb_mod_entry 函数。

现在已知页写入异常处理时会返回到用户空间的 cow_entry 函数，该函数代码如下。

```
static void __attribute__ (( noreturn )) cow_entry ( struct Trapframe *tf )
{
  u_int va = tf->cp0_badvaddr;
  // ...
  int r = syscall_set_trapframe ( 0, tf );
  user_panic ( "syscall_set_trapframe returned %d", r );
}
```

从内核返回后，此时的第一个参数是由内核设置的，处于异常处理栈中，且指向一个由内核复制的 Trapframe 结构体。该函数从 Trapframe 中读取 cp0_badvaddr 字段的值，这个值也正是由 CPU 设置的、发生页写入异常的地址 va，我们可以根据这个地址进行写时复制处理。在函数的最后，使用系统调用 syscall_set_trapframe 恢复了保存的现场。

思考 5.9 到这里我们大概了解了一个由用户程序处理异常并由用户程序自身来恢复运行现场的过程，请思考并回答以下几个问题。

- 在用户态下处理页写入异常，相比于在内核态下处理有什么优势？
- 从通用寄存器的用途角度讨论，在可能被中断的用户态下进行现场恢复，如何做到不破坏现场中的通用寄存器呢？

下面来实现 cow_entry 中真正进行处理的部分，包括以下工作：

（1）根据 vpt 中 va 所在页的页表项，判断其标志位是否包含 PTE_COW，是则执行下一步，否则调用 user_panic 报错；

（2）分配一个新的临时物理页到临时位置 UCOW，使用 memcpy 将 va 页的数据复制到刚刚分配的页中；

（3）将发生页写入异常的地址 va 映射到临时页面，注意设定好对应的页面标志位（即去除 PTE_COW 并恢复 PTE_D），然后解除临时位置 UCOW 的内存映射。

任务 5.14 实现 user/lib/fork.c 中的 cow_entry 函数。

思考 5.10 请思考并回答以下几个问题。

（1）为什么需要将 syscall_set_trapframe 的调用放置在 syscall_exofork 之前？

（2）如果放置在写时复制保护机制完成之后会有怎样的效果？

父进程还需要使用 syscall_set_trapframe，设置子进程的页写入异常处理函数为 cow_entry。最后，父进程通过系统调用 syscall_set_env_status 设置子进程为可以运行的状态。在内核中实现 sys_set_env_status 函数时，不仅需要设置进程控制块的 env_status 域，还需要在 env_status 从 ENV_UNRUNNABLE 转换为 ENV_RUNNABLE 时将控制块加入可调度进程的链表中，反之则将其从链表中移除。

任务 5.15　实现 kern/syscall_all.c 中的 sys_set_env_status 函数。

至此，fork 中父进程在 syscall_exofork 后还需要做的事情有：

（1）遍历父进程地址空间，执行 duppage；

（2）设置子进程的异常处理函数，确保页写入异常可以被正常处理；

（3）设置子进程的 env_status，允许其被调度。

最后再将子进程的 envid 返回，fork 函数就实现了。

思考 5.11　填写 user/lib/fork.c 中 fork 函数中关于父进程执行的部分。

图 5.5 是页写入异常处理流程图，可作为原理理解和代码填写时的参考。

5.4.6　使用用户程序进行测试

至此，Lab4 实验已经基本完成。参照 user 目录下 tltest.c、fktest.c、pingpong.c 等文件，编写自己的用户程序，测试系统调用、IPC 和 fork 等功能。

（1）在 user 目录下创建 *xxx*.c，加入 #include <lib.h>，并编写自己的测试逻辑。

（2）为 user/include.mk 中的构建目标 INITAPPS 加上 *xxx*.x。

（3）在 init/init.c 中用 ENV_CREATE 或者 ENV_CREATE_PRIORITY 创建用户进程，参数为 user_*xxx*。

（4）执行 make 并运行 GXemul，即可观察到 *xxx*.c 的运行结果。

5.5　实验正确结果

本次实验下有多个测试程序，最简单的单元测试是 envid2env_check，在完成 envid2env 后，将 envid2env_check 加入 init/init.c 即可进行测试，也可以使用 make test lab=4_1 直接构建测试。输出信息如下。

envid2env () work well!

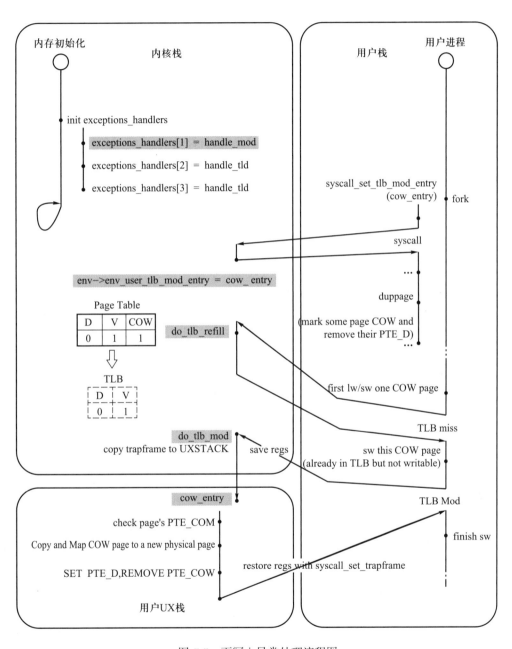

内存初始化　　　　　　　内核栈

init exceptions_handlers

exceptions_handlers[1] = handle_mod

exceptions_handlers[2] = handle_tld

exceptions_handlers[3] = handle_tld

env->env_user_tlb_mod_entry = cow_entry

Page Table

D	V	COW
0	1	1

do_tlb_refill

TLB

D	V
0	1

do_tlb_mod

copy trapframe to UXSTACK

save regs

cow_entry

check page's PTE_COM

Copy and Map COW page to a new physical page

SET PTE_D,REMOVE PTE_COW

用户UX栈

用户栈　　　　　　　　用户进程

syscall_set_tlb_mod_entry
(cow_entry)

fork

syscall

...

duppage

(mark some page COW and
remove their PTE_D)

...

first lw/sw one COW page

TLB miss

sw this COW page
(already in TLB but not writable)

TLB Mod

finish sw

restore regs with syscall_set_trapframe

图 5.5　页写入异常处理流程图

173

用户态的第一个测试程序是 user/tltest.c，在系统调用部分完成后，将 ENV_CREATE（user_tltest）加入 init/init.c 即可测试，输出信息如下。

Smashing some kernel codes...

If your implementation is correct，you may see unknown exception here：

...

panic at traps.c：24（do_reserved）：Unknown ExcCode 5

完成 fork 后，单独测试 fork 的程序是 user/fktest.c，使用方法同上。输出信息如下。

this is father：a：1

this is father：a：1

this is father：a：1

...

this is child ：a：2

this is child ：a：2

this is child ：a：2

...

this is child2 ：a：3

this is child2 ：a：3

this is child2 ：a：3

其中三个文本段应当交替出现且永不停止。

另一个测试程序 user/pingpong.c 主要用于测试 fork 和进程间的通信，输出信息如下。

@@@@@send 0 from 800 to 1001

1001 am waiting...

800 am waiting...

1001 got 0 from 800

@@@@@send 1 from 1001 to 800

1001 am waiting...

800 got 1 from 1001

@@@@@send 2 from 800 to 1001

800 am waiting...

1001 got 2 from 800

@@@@@send 3 from 1001 to 800

1001 am waiting...

800 got 3 from 1001

@@@@@send 4 from 800 to 1001

800 am waiting...

1001 got 4 from 800

@@@@@send 5 from 1001 to 800

1001 am waiting...

800 got 5 from 1001

@@@@@send 6 from 800 to 1001

800 am waiting...

1001 got 6 from 800

@@@@@send 7 from 1001 to 800

1001 am waiting...

800 got 7 from 1001

@@@@@send 8 from 800 to 1001

800 am waiting...

1001 got 8 from 800

@@@@@send 9 from 1001 to 800

1001 am waiting...

800 got 9 from 1001

@@@@@send 10 from 800 to 1001

```
[00000800] destroying 00000800
[00000800] free env 00000800
i am killed ...
1001 got 10 from 800
[00001001] destroying 00001001
[00001001] free env 00001001
i am killed ...
```

第 6 章　文件系统

本章相关实验任务在 MOS 操作系统实验中简记为 Lab5。

6.1　实验目的

1. 了解文件系统的基本概念和作用。
2. 了解普通磁盘的基本结构和读写方式。
3. 了解设备驱动的实现方法。
4. 掌握并实现文件系统服务的基本操作。
5. 了解微内核的基本设计思想和结构。

在之前的实验中，所有的程序和数据都存放在内存中。然而内存空间的大小是有限的，而且内存中的数据存在易失性问题。因此有些数据必须保存在磁盘、光盘等外部设备上，这些外部设备能够长期地保存大量的数据，且可以方便地将数据装载到不同进程的内存空间进行共享。为了便于管理和访问存放在外部存储设备上的数据，在操作系统中引入了文件系统。在文件系统中，文件是数据存储和访问的基本单位，文件可看作是对用户数据的逻辑抽象。对于用户而言，文件系统可以屏蔽访问外存数据的复杂性。

6.2　文件系统概述

计算机文件系统是一种存储和组织数据的方法，它使用户对数据的访问和查找变得容易。文件系统使用文件和树形目录的逻辑抽象屏蔽了底层硬盘等物理设备基于数据块进行存储和访问的复杂性，用户不必关心数据实际保存在硬盘的哪个数据块上，只需要记住这个文件的所属目录和文件名即可。在写入新数据之前，用户不必关心硬盘上哪个块是空闲的，硬盘的存储空间管理（分配和释放）由文件系统自动完成，用户只需要记住数据被写入哪个文件中即可。

文件系统通常使用硬盘这样的外部设备，并维护文件在设备中的物理位置。但是，实际上文件系统也可能仅仅是一种访问数据的界面而已，实际的数据在内存中或者通过网络协议（如 NFS、SMB、9P 等）提供，甚至可能根本没有对应的文件（如 proc 文件系统）。

从广义上说，一切带标识的、在逻辑上有完整意义的字节序列都可以称为"文件"。文件系统将外部设备抽象为文件，从而可以统一管理外部设备，实现对数据的存储、组织、访问和获取等操作。本实验拟实现一个精简的文件系统，其中需要对三种设备进行统一管理，即文件设备（file，即狭义的"文件"）、控制台（console）和管道（pipe）。其中，后两者将在下一个实验"管道与 Shell"中实现。

思考 6.1 查阅资料，了解 Linux/UNIX 的 /proc 文件系统是什么，有什么作用，Windows 操作系统是如何实现这些功能的，以及 proc 文件系统的设计有哪些优势和不足等。

6.2.1 磁盘文件系统

磁盘文件系统是一种利用磁盘来管理计算机文件的文件系统。磁盘是最常用的数据存储设备，可以直接或者间接地连接到计算机上。严格来说，磁盘文件系统和操作系统用户所使用的文件系统不一定相同，如可以在 Linux 中挂载使用 Ext4、FAT32 等多种文件系统的磁盘驱动器，但是 Linux 中运行的程序都是通过 Linux 的虚拟文件系统（virtual file system，VFS）来访问这些文件系统的。

6.2.2 用户空间文件系统

在以 Linux 为代表的宏内核操作系统中，文件系统是内核的一部分。文件系统作为内核资源的索引发挥了重要的定位内核资源的作用，mmap、ioctl、read、write 等重要操作都依赖文件系统来实现。与此相对的是众多微内核操作系统中使用的用户空间文件系统，其特点是文件系统在用户空间中实现，通过特殊的系统调用接口或者通用机制为其他用户程序提供服务。与此概念相关的还有用户态驱动程序。

6.2.3 文件系统的设计与实现

在本次实验中，我们将实现一个简单但结构完整的文件系统，如图 6.1 所示。整个文件系统包括以下几个部分。

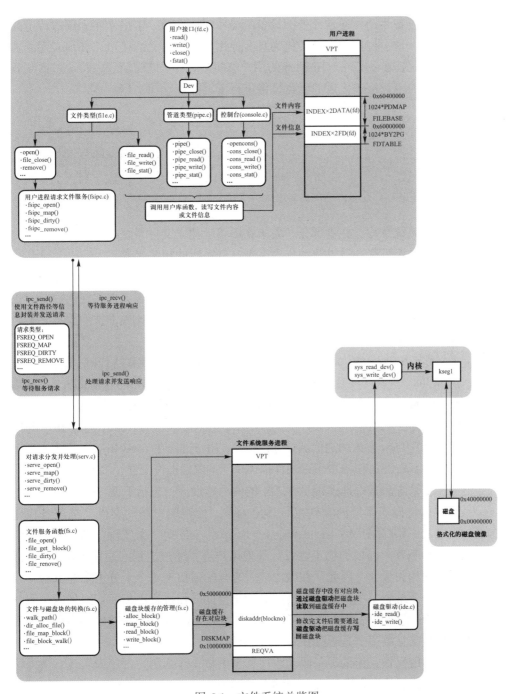

图 6.1 文件系统总览图

（1）外部设备驱动：通常，外部设备的操作需要按照一定操作序列读写特定的寄存器来实现。为了将这种操作转化为具有通用、明确语义的接口，必须实现相应的驱动程序。本部分将实现 IDE 磁盘的用户态驱动程序，该驱动程序将通过系统调用的方式陷入内核对格式化后的磁盘镜像进行读写操作。

> **注意 6.1**
> IDE（integrated drive electronics）是目前最主流的硬盘接口，也是光储类设备的主要接口。

（2）文件系统结构：在本部分，要求在磁盘上建立文件系统结构，并实现操作系统中的文件系统机制，通过驱动程序实现文件系统的相关函数。

（3）文件系统的用户接口：在本部分，要求为用户提供接口和机制以保证用户程序能够使用文件系统，这主要通过一个用户态的文件系统服务来实现。同时，我们将引入文件描述符等结构使操作系统和用户程序可以抽象地操作文件而不必关心其实际的物理表示。

整个文件系统涉及的代码/文件比较多，此处概要介绍一些核心代码/文件的主要功能，希望有助于理解文件系统实现的总体框架。我们将通过 tools/fsformat.c 来创建磁盘镜像，在 fs/fs.c 中实现文件系统的基本功能函数，文件系统进程通过 fs/ide.c 与磁盘镜像进行交互，其进程主要运行在 fs/serv.c 上，并在 fs/serv.c 中通过 IPC 与用户进程 user/lib/fsipc.c 内的通信函数进行交互；用户进程在 user/lib/file.c 中实现用户接口，并在 user/lib/fd.c 中引入文件描述符，抽象地操作文件、管道等内容。

整个文件系统非常好地体现了 MOS 的微内核设计，包括下面三个部分。

（1）将传统操作系统的文件系统移出内核，使用用户态的文件系统服务程序（serv.c）以及一系列用户库（fd.c、file.c、fsipc.c、fs.c 等）来实现。即使它们崩溃了，也不会影响整个内核的稳定运行。其他用户进程通过进程间通信（IPC）来请求文件系统的相关服务。因此，在微内核中进程间通信是一个十分重要的机制。

（2）操作系统将一些内核数据暴露到用户空间，使进程不需要切换到内核态就能访问。MOS 将进程页表映射到用户空间，此处文件系统服务进程访问自身进程页表即可判断磁盘缓存中是否存在对应块。

（3）将传统操作系统的设备驱动程序移出内核，作为用户程序来实现。微内核在此过程中仅提供读写设备物理地址的系统调用。

接下来详细解读各部分的具体实现。

6.3 IDE 磁盘驱动

为了在磁盘等外部设备上实现文件系统，必须为这些外部设备编写驱动程序。实际上，MOS 操作系统中已经实现了一个简单的驱动程序，即位于 driver 目录下的串口通信驱动程序。在这个驱动程序中使用了内存映射 I/O（MMIO）技术来编写驱动程序。

本次要实现的硬盘驱动程序与已经实现的串口驱动程序都是采用 MMIO 技术来编写的，但不同之处在于，这里需要驱动的物理设备——IDE 磁盘功能更加复杂，并且本次要编写的驱动程序完全运行在用户空间中。

下面首先介绍内存映射 I/O，之后再了解 IDE 磁盘的结构和操作，最后介绍磁盘驱动程序的编写。

6.3.1 内存映射 I/O

在前面章节中，已经介绍了 MIPS 存储器地址映射的基本内容。几乎每一种外设都是通过读写设备上的寄存器来实现数据通信的，外设寄存器也称为 I/O 端口，主要用来访问 I/O 设备。外设寄存器通常包括控制寄存器、状态寄存器和数据寄存器，这些寄存器被映射到指定的内存空间。例如，在 GXemul 中，控制台设备被映射到 0x10000000，模拟 IDE 磁盘被映射到 0x13000000 等。

驱动程序访问的是 I/O 空间，这与人们常说的内存空间是不同的。外设的 I/O 地址空间是系统启动后才确定的（实际上，这是由 BIOS 完成后告知操作系统的）。通常的体系结构（如 x86）并没有为这些外设 I/O 空间的物理地址预定义虚拟地址范围，所以驱动程序并不能直接访问 I/O 虚拟地址空间。因此，必须首先将它们映射到内核虚拟地址空间，驱动程序才能基于虚拟地址及访存指令来实现对 I/O 设备的访问。

幸运的是，实验中使用的 MIPS 体系结构并不涉及复杂的 I/O 端口概念，而是统一使用内存映射 I/O 模型。在 MIPS 的内核地址空间（kseg0 和 kseg1 段）中实现了硬件级别的物理地址和内核虚拟地址的转换，其中，对 kseg1 段地址的读写不经过 MMU 映射，且不使用高速缓存，这正是外部设备驱动程序需要的。由于是在模拟器上运行操作系统，I/O 设备的物理地址是完全固定的，因此可以通过简单地读写某些固定的内核虚拟地址来实现驱动程序的功能。

在之前的实验中，曾经使用 KADDR 宏把一个物理地址转换为 kseg0 段的内核虚拟地址，实际上是给物理地址加上 ULIM 的值（即 0x80000000）。而在编写设备驱动程序的时候，需要将物理地址转换为 kseg1 段的内核虚拟地址，也就是给物理地址加上 kseg1 的偏移值（0xA0000000）。

思考 6.2　如果通过 kseg0 读写设备，那么设备的写入会被缓存到高速缓存（cache）中。这是一种错误的行为，在实际编写代码的时候这么做会引发不可预知的问题。请思考：这么做这会引发什么问题？对于不同种类的设备（如前面提到的串口设备和 IDE 磁盘）的操作会有差异吗？可以从缓存性质和缓存更新策略的角度去考虑。

以编写完成的串口设备驱动程序为例，GXemul 提供的控制台设备的地址为 0x10000000，设备寄存器映射如表 6.1 所示。

表 6.1　GXemul 控制台内存映射

偏移	作用
0x00	读：非阻塞地读取一个字符，如果没有读到则返回 0
	写：输出一个字符 ch
0x10	读或写：停止
	离开模拟器

现在，通过向内存的（0x10000000+0xA0000000）地址写入字符，就能在 Shell 中看到对应的输出。

kern/console.c 中的 printcharc 函数如下所示：

```
void printcharc ( char ch ) {
    * (( volatile char * ) ( 0xA0000000 + DEV_CONS_ADDRESS + DEV_
                CONS_PUTGETCHAR )) = ch;
}
```

而在本实验中，需要编写的 IDE 磁盘驱动程序位于用户空间，用户态进程若直接读写内核虚拟地址将会由处理器引发一个地址错误（ADEL/S）。所以对于设备的读写必须通过系统调用来实现。这里引入 sys_write_dev 和 sys_read_dev 两个系统调用来实现设备的读写操作。这两个系统调用以用户虚拟地址、设备的物理地址和读写的长度（按字节计数）作为参数，在内核空间中完成 I/O 操作。

任务 6.1　请根据 kern/syscall_all.c 中的说明，完成 sys_write_dev 函数和 sys_read_dev 函数的实现，并且在 user/include/lib.h、user/lib/syscall_lib.c 中完成用户态的相应系统调用的接口。

编写这两个系统调用时需要注意物理地址与内核虚拟地址之间的转换。

同时还要检查物理地址的有效性，在实验中允许访问的地址范围为：console: [0x10000000，0x10000020），disk: [0x13000000，0x13004200），rtc: [0x15000000，0x15000200），当出现越界时，应返回指定的错误码。

6.3.2 IDE 磁盘

在 MOS 操作系统实验中，GXemul 模拟器提供的"磁盘"是一个 IDE 仿真设备，需要在此基础上实现我们的文件系统，接下来，介绍一些读写 IDE 磁盘的基础知识。

1. 磁盘的物理结构

下面简单介绍与磁盘相关的几个基本概念。

（1）扇区（sector）：磁盘盘片被划分成很多扇形的区域，这些区域称为扇区。扇区是磁盘执行读写操作的单位，一般是 512 B。扇区的大小是一个磁盘的硬件属性。

（2）磁道（magnetic track）：盘片上以盘片中心为圆心、具有不同半径的同心圆称为磁道。

（3）柱面（cylinder）：在硬盘中，由不同盘片上具有相同半径的磁道组成的圆柱面称为柱面。

（4）磁头（head）：每个磁盘都有两个面，每个面都有一个磁头。当对磁盘进行读写操作时，磁头在盘片上快速移动。

典型磁盘的基本结构如图 6.2 所示。

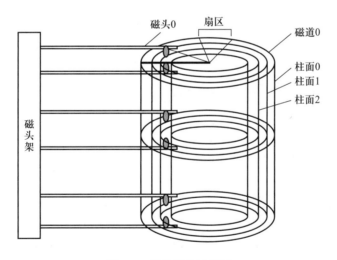

图 6.2 磁盘结构示意图

2. IDE 磁盘操作

前面提到过，扇区是磁盘读写的基本单位，GXemul 也提供了对扇区进行操作的基本方法。对于 GXemul 提供的模拟 IDE 磁盘，可以把它当作真实的磁盘去读写数据，通过读写特定位置实现数据的读写以及查看读写是否成功。特定位置和缓冲区的偏移量如表 6.2 所示。

GXemul 提供的模拟 IDE 磁盘的地址是 0x13000000，I/O 寄存器相对于 0x13000000 的偏移和对应的功能如表 6.2 所示。

表 6.2　GXemul IDE 磁盘 I/O 寄存器映射

偏移	作用
0x0000	写：设置下一次读写操作时的磁盘镜像偏移（单位为字节）
0x0008	写：设置高 32 位的偏移（单位为字节）
0x0010	写：设置下一次读写操作的磁盘编号
0x0020	写：开始一次读写操作（0 表示读操作，1 表示写操作）
0x0030	读：获取上一次操作的状态返回值（0 表示失败，非 0 则表示成功）
0x4000~0x41ff	读写：512 B 读写缓存

6.3.3　驱动程序编写

通过对 printcharc 函数的分析，已经了解了 I/O 操作的基本方法，那么，读写 IDE 磁盘的相关代码也就不难理解了。下面以从硬盘上读取一个扇区为例，先介绍内核态的驱动程序是如何编写的。

read_sector 函数：

extern int read_sector（int diskno，int offset）；

```
# read sector at specified offset from the beginning of the disk image.
LEAF（read_sector）
    sw  a0, 0xB3000010    # select the IDE id.
    sw  a1, 0xB3000000    # offset.
    li  t0, 0
    sb  t0, 0xB3000020    # start read.
    lw  v0, 0xB3000030
    nop
    jr  ra
    nop
END（read_sector）
```

当需要从磁盘的指定位置读取一个扇区时就需要调用 read_sector 函数来将磁盘中对应 sector 的数据读到设备缓冲区中。注意，所有的地址操作都需要将物理地址转换成虚拟地址。此处设备基地址对应 kseg1 的内核虚拟地址是 0xB3000000。

首先，设置 IDE 磁盘的 ID，从 read_sector 函数的声明 extern int read_sector（int diskno，int offset）可以看出，diskno 是第一个参数，对应的就是 $a0 寄存器的值，因此，将其写到 0xB3000010 处，这样就表示将使用编号为 $a0 的磁盘。在本实验中，只使用了一块模拟 IDE 磁盘，因此，这个值应该为 0。

其次，将相对于磁盘起始位置的 offset 写到 0xB3000000 处，表示在距离磁盘起始处 offset 的位置开始进行磁盘操作。然后，向内存 0xB3000020 处写入 0 开始读磁盘操作（如果是写磁盘，则写入 1）。

最后，将磁盘操作的状态码放入 $v0，并作为结果返回。通过判断 read_sector 函数的返回值，就可以知道读磁盘的操作是否成功。如果成功，将其中数据（512 B）从设备缓冲区（偏移值为 0x4000~0x41ff）复制到目的位置。至此，就完成了对磁盘的读操作。写磁盘的操作与读磁盘的一个区别在于写磁盘需要先将要写入对应扇区的 512 B 的数据放入设备缓冲区，然后向地址 0xB3000020 处写入 1 来启动操作，并从 0xB3000030 处获取写磁盘操作的返回值。

相应地，用户态磁盘驱动使用系统调用代替直接对内存空间的读写，从而完成寄存器配置和数据复制等功能。

任务 6.2 参考内核态驱动，使用系统调用完成 fs/ide.c 中的 ide_write 函数以及 ide_read 函数，实现对磁盘的读写操作。

实现了磁盘驱动后，可以尝试对磁盘进行读写测试。在此之前，需要通过修改运行命令将磁盘镜像挂载到 MOS 操作系统上。编译生成的磁盘镜像文件位于 target/fs.img，在运行命令上加上 -d target/fs.img 即可挂载该磁盘镜像，而使用 -d x:target/fs.img 可以指定该磁盘镜像的磁盘 ID 为 x。完整的运行命令如下：

gxemul -E testmips -C R3000 -M 64 -d target/fs.img target/mos

也可以直接运行 make run 来执行上述命令。

6.4 文件系统结构

实现了 IDE 磁盘的驱动，就有了在磁盘上实现文件系统的基础。接下来设计整个文件系统的结构，并在磁盘和操作系统中分别实现对应的结构。

在 UNIX/Linux 操作系统中，一般将磁盘分成两个区域：i 节点（inode）区域和数据（data）区域。i 节点区域用来保存文件的状态属性，以及指向数据块的指针。数据区域用来存放文件的内容和目录的元信息（包含的文件）。MOS 操作系统的文件系统采用了类似的设计，但需要注意与 UNIX/Linux 操作系统的区别。

6.4.1　磁盘文件系统布局

磁盘空间的基本布局如图 6.3 所示。

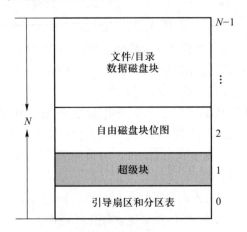

图 6.3　磁盘空间布局示意图

图 6.3 中出现的磁盘块不同于扇区，磁盘块是一个虚拟概念，是操作系统与磁盘交互的最小单位；操作系统将相邻的扇区组合在一起，形成磁盘块进行整体操作，减小了因扇区过多带来的寻址困难；磁盘块的大小由操作系统决定，一般由 2^N 个扇区构成。而扇区是真实存在的，是磁盘读写的基本单位，与操作系统无关。

从图 6.3 中可以看到，MOS 操作系统把磁盘最开始的一个磁盘块（4 096 B）当作引导扇区和分区表使用，把接下来的一个磁盘块作为超级块（super block），用来描述文件系统的基本信息，如魔数、磁盘大小以及根目录的位置。

在真实的文件系统中，一般会维护多个超级块，通过复制分散到不同的磁盘分区中，以防止因超级块损坏造成整个磁盘无法使用。

MOS 操作系统中超级块的结构如下。

```
struct Super {
    u_int s_magic;      // Magic number：FS_MAGIC
    u_int s_nblocks;    // Total number of blocks on disk
    struct File s_root; // Root directory node
};
```

其中，

- s_magic：魔数，为一个常量，用于标识该文件系统；

- s_nblocks：记录本文件系统有多少个磁盘块，在本文件系统中为 1 024；
- s_root：根目录，其 f_type 为 FTYPE_DIR，f_name 为 "/"。

通常采用两种数据结构来管理可用的资源：链表和位图。在 Lab2 和 Lab3 中，使用链表来管理空闲内存资源和进程控制块。在文件系统中，将使用位图（bitmap）来管理空闲的磁盘资源，即用一个二进制位标识磁盘中一个磁盘块的使用情况（1 表示空闲，0 表示占用）。

这里参考 tools/fsformat 来介绍文件系统标记空闲块的机制。tools/fsformat 用于创建符合定义的文件系统结构，可以将多个文件按照内核定义的文件系统写入磁盘镜像。在写入文件之前，tools/fsformat.c 的 init_disk 函数将所有的块都标记为空闲块。

```
nbitblock =（NBLOCK + BIT2BLK - 1）/ BIT2BLK；
for（i = 0；i < nbitblock；++i）{
    memset（disk[2+i].data, 0xff, BY2BLK）；
}
if（nblock != nbitblock * BIT2BLK）{
    diff = nblock % BIT2BLK / 8；
    memset（disk[2+（nbitblock-1）].data+diff, 0x00, BY2BLK - diff）；
}
```

nbitblock 表示为了用位图标识整个磁盘上所有块的使用情况所需要的磁盘块（bitblock，位图块）的数量。紧接着，使用 memset 将位图中的每一个字节都设成 0xff，即将所有位图块的每一位都设为 1，表示磁盘块处于空闲状态。如果位图还有剩余，不能将最后一块位图块中靠后的一部分内容标记为空闲，因为这些位所对应的磁盘块并不存在，是不可使用的。因此，将所有的位图块的每一位都置为 1 之后，还需要根据实际情况，将位图不存在的部分设为 0。

相应地，在 MOS 操作系统中，文件系统也需要根据位图来判断和标记磁盘的使用情况。fs/fs.c 中的 block_is_free 函数通过位图中的特定位来判断指定的磁盘块是否被占用。

```
int block_is_free（u_int blockno）
{
    if（super == 0 || blockno >= super->s_nblocks）{
        return 0；
```

```
    }
    if ( bitmap[blockno / 32] & ( 1 << ( blockno % 32 ))) {
        return 1;
    }
    return 0;
}
```

任务 6.3 文件系统需要负责维护磁盘块的申请和释放，在回收一个磁盘块时，需要更改位图中的标志位。如果要将一个磁盘块设置为 free，只需要将位图中对应位的值设置为 1 即可。请完成 fs/fs.c 中的 free_block 函数，实现这一功能。同时思考为什么参数 blockno 的值不能为 0。

```
// Overview：
// Mark a block as free in the bitmap.
void
free_block ( u_int blockno )
{
    // Step 1：Check if the parameter 'blockno' is valid ( 'blockno' can't be
    //     zero ).


    // Step 2：Update the flag bit in bitmap.


}
```

6.4.2 文件系统详细结构

操作系统要想管理一类资源，就得有相应的数据结构。为描述和管理文件，一般使用文件控制块（File 结构体），其定义如下。

```
// file control blocks, defined in include/fs.h
struct File {
    u_char f_name[MAXNAMELEN];   // filename
    u_int f_size;                // file size in bytes
    u_int f_type;                // file type
    u_int f_direct[NDIRECT];
```

u_int f_indirect；

struct File *f_dir；

u_char f_pad[BY2FILE - MAXNAMELEN - 4 - 4 - NDIRECT * 4 - 4 - 4]；

};

结合文件控制块的示意图 (图 6.4)，对各个域进行解读。f_name 为文件名，文件名的最大长度 MAXNAMELEN 值为 128。f_size 为文件的大小，单位为字节。f_type 为文件类型，有普通文件（FTYPE_REG）和目录（FTYPE_DIR）两种。f_direct[NDIRECT] 为文件的直接指针，每个文件控制块设都有 10 个直接指针，用来记录文件的数据块在磁盘上的位置。每个磁盘块的大小均为 4 KB，也就是说，这 10 个直接指针能够表示的文件最大为 40 KB，而当文件的大小大于 40 KB 时，就需要用到间接指针。f_indirect 指向一个间接磁盘块，用来存储指向文件内容的磁盘块的指针。为了简化计算，不使用间接磁盘块的前 10 个指针。f_dir 指向文件所属的文件目录。f_pad 则是为了让整个文件结构体占用一个磁盘块，填充结构体中剩下的字节。

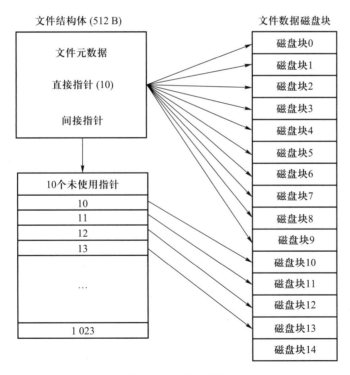

图 6.4　文件控制块

思考 6.3　比较 MOS 操作系统的文件控制块和 UNIX/Linux 操作系统的 inode 及相关概念，试述二者的不同之处。

> **注意 6.2**
>
> 　　MOS 中的文件控制块只使用了一级间接指针域，也只有一个。而在实际的文件系统中，为了支持更大的文件，通常会使用多个间接磁盘块，或使用多级间接磁盘块。MOS 操作系统内核在这一点上做了极大的简化。

对于普通的文件，其指向的磁盘块存储着文件内容；而对于目录文件来说，其指向的磁盘块存储着该目录下各个文件对应的文件控制块。当要查找某个文件时，首先从超级块中读取根目录的文件控制块，然后沿着目标路径，逐一查看当前目录所包含的文件是否与下一级目标文件同名，如此便能查找到最终的目标文件。

思考 6.4　查找代码中的相关定义，试回答：一个磁盘块中最多能存储多少个文件控制块？一个目录下最多能有多少个文件？我们的文件系统支持的单个文件最大为多大？

为了更加细致地了解文件系统的内部结构，我们通过 fsformat（由 tools/fsformat.c 编译而成）程序来创建一个磁盘镜像文件 target/fs.img。通过观察头文件和 fs/Makefile 可以看出，tools/fsformat.c 的编译过程与其他文件有所不同，其使用的是 Linux 下的 GCC 编译器，而非 mips_4KC-gcc 交叉编译器。编译生成的 fsformat 独立于 MOS 操作系统，专门用于创建磁盘镜像文件。生成的镜像文件 fs.img 可以模拟与真实的磁盘文件设备的交互场景。请阅读 tools/fsformat.c 和 fs/Makefile，掌握如何将文件和目录按照文件系统的格式写入磁盘，了解文件系统结构的具体细节，学会添加自定义文件到磁盘镜像中（fsformat.c 中的主函数十分灵活，可以通过修改命令行参数来生成不同的镜像文件）。

任务 6.4　参照文件系统的设计，完成 fsformat.c 中的 create_file 函数，并完成 write_directory 函数，实现将一个文件或指定目录下的文件按照目录结构写入 target/fs.img 根目录的功能。

6.4.3　块缓存

块缓存指的是借助虚拟内存来实现磁盘块的缓存。在 MOS 操作系统中，文件系统服务是一个用户进程（将在下文介绍），一个进程可以拥有 4 GB 的虚拟内存空间，将 DISKMAP～DISKMAP+DISKMAX 这一段虚存地址空间（0x10000000～

0x4FFFFFFF）作为缓冲区，当磁盘读入内存时，用来映射相关的页。DISKMAP
和 DISKMAX 的值定义在 fs/serv.h 中：

#define DISKMAP   0x10000000
#define DISKMAX   0x40000000

思考 6.5   在满足磁盘块缓存设计的前提下，实验使用的内核支持的最大磁盘
大小是多少？

为了建立磁盘地址空间和进程虚存地址空间之间的缓存映射，MOS 采用了如
图 6.5 所示的块缓存。

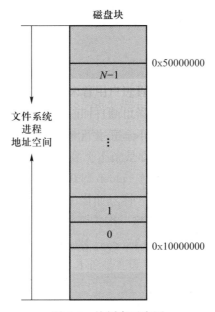

图 6.5   块缓存示意图

任务 6.5   fs/fs.c 中的 diskaddr 函数用来计算指定磁盘块对应的虚存地址。完
成 diskaddr 函数，根据一个块序号（block number），计算这一磁盘块对应的虚存
的起始地址。提示：fs/serv.h 中的宏 DISKMAP 和 DISKMAX 定义了磁盘映射虚
存的地址空间。

思考 6.6   如果将 DISKMAX 改成 0xC0000000，超出用户空间地址范围，文
件系统还能正常工作吗？为什么？

当把一个磁盘块中的内容载入内存时，需要为之分配对应的物理内存；当结束
使用这一磁盘块时，需要释放对应的物理内存以回收操作系统资源。fs/fs.c 中的
map_block 函数和 unmap_block 函数实现了这一功能。

任务 6.6　实现 map_block 函数，检查指定的磁盘块是否已经映射到内存，如果没有，分配一页内存来保存磁盘上的数据。相应地，完成 unmap_block 函数，用于解除磁盘块和物理内存之间的映射关系，回收内存。提示：注意磁盘虚拟内存地址空间和磁盘块之间的对应关系。

read_block 函数和 write_block 函数用于读写磁盘块。read_block 函数将指定编号的磁盘块读入内存，首先检查这块磁盘块是否已经在内存中，如果不在，先分配一页物理内存，然后调用 ide_read 函数读取磁盘上的数据并置于对应虚存地址处。

file_get_block 函数用于将某个指定的文件指向的磁盘块读入内存。其实现主要分为两个步骤：首先为即将读入内存的磁盘块分配物理内存，然后使用 read_block 函数将磁盘内容以块为单位读到内存中的相应位置。这两个步骤对应的函数都要借助系统调用来完成。

在完成块缓存部分之后就可以实现文件系统中的一些文件操作了。

任务 6.7　补全 dir_lookup 函数，查找某个目录下是否存在指定的文件。（提示：使用 file_get_block 函数。）

文件系统结构中部分函数可能的调用关系参考图 6.6，认真理解每个文件、函数的作用及其之间的关系。

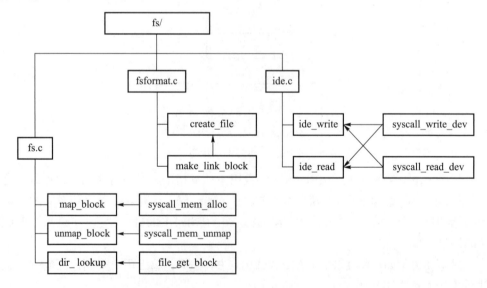

图 6.6　fs 中部分函数调用关系

思考 6.7　在本实验中，fs/serv.h、include/fs.h 等文件中出现了许多宏定义，试列举你认为较为重要的宏定义，同时进行解释，并描述其主要应用之处。

6.5 文件系统的用户接口

在文件系统建立之后，还需要向用户提供相关的使用接口。MOS 操作系统内核符合一个典型的微内核的设计，文件系统属于用户态进程，以服务的形式供其他进程调用。这个过程不仅涉及不同进程之间通信的问题，也涉及文件系统如何隔离底层的文件系统实现，抽象地表示一个文件的问题。下面介绍文件描述符（file descriptor），作为用户程序管理、操作文件的基础。

6.5.1 文件描述符

UNIX/Linux 操作系统中的文件描述符（fd）是 UNIX/Linux 系统为用户提供的 0~255 的整数，用于在描述符表（descriptor table）中进行索引。用户在实现文件 I/O 编程时，使用 open 在描述符表的指定位置存放被打开文件的信息；使用 close 将描述符表中指定位置的文件信息释放；在实施 write 和 read 操作时修改描述符表指定位置的文件信息。这里的"指定位置"即文件描述符 fd。

当用户进程试图打开一个文件时，需要用一个文件描述符来存储文件的基本信息和用户进程中关于文件的状态；同时，文件描述符也起到描述用户对文件的操作的作用。当用户进程向文件系统发送打开文件的请求时，文件系统进程会将这些基本信息记录在内存中，然后由操作系统将用户进程请求的地址映射到同一个物理页上，因此一个文件描述符至少需要独占一页的空间。当用户进程获取了文件大小等基本信息后，再次向文件系统发送请求将文件内容映射到指定内存空间中。

阅读 user/lib/file.c 时会发现，很多函数中都会将一个 struct Fd * 型的指针转换为 struct Filefd * 型的指针，这是基于 C 语言中关于指针的强制类型转换来实现的。该强制转换并不改变指针的值（即所指向的虚拟地址），经过强制类型转换之后仅改变指针所指向地址的数据的解释方式（如数据类型、数据大小等）。两个结构体的定义如下：

```
struct Fd {
    u_int fd_dev_id;
    u_int fd_offset;
    u_int fd_omode;
};

struct Filefd {
```

```
    struct Fd f_fd;
    u_int f_fileid;
    struct File f_file;
};
```

可以看出，Filefd 结构体的第一个成员类型就是 Fd，因此指向 Filefd 的指针同样指向这个 Fd 的起始位置，故可以进行强制转换。而转换的结果仅仅是改变了该指针对一段内存的解释方式。

任务 6.8　请完成 user/lib/file.c 中的 open 函数。提示：若成功打开文件，则该函数返回文件描述符的编号。

当要读取一个大文件中间的一部分内容时，一个简单的做法是从头开始查找，但这样做开销很大。因此，需要用一个指针来实现文件的定位，在 C 语言中拥有类似功能的函数是 fseek 。而在读写数据期间，每次读写也会更新该指针的值。请自行查阅 C 语言有关文件操作的函数，理解相关概念。

任务 6.9　参考 user/lib/fd.c 中的 write 函数，完成 read 函数。

思考 6.8　在 Lab4 中实现了极为重要的 fork 函数。那么在调用 fork 前后，父子进程是否会共享文件描述符和定位指针呢？请在完成上述练习的基础上编写一个程序进行验证。

思考 6.9　请解释 Fd、Filefd、Open 结构体及其各个域的作用，例如各个结构体会在哪些过程中被使用，是对应磁盘上的物理实体还是单纯的内存数据等。说明形式自定，要求简洁明了，可大致勾勒出文件系统数据结构与物理实体的对应关系及设计框架。

6.5.2　文件系统服务

MOS 操作系统中的文件系统服务通过 IPC 的形式供其他进程调用，实现文件读写操作。具体来说，在内核开始运行时，就启动了文件系统服务进程 ENV_CREATE（fs_serv），用户进程需要进行文件操作时，使用 ipc_send/ipc_recv 与 fs_serv 进行交互，完成操作。在文件系统服务进程的主函数 serv.c/main 中，首先调用 serv_init 函数准备好全局的文件打开记录表 opentab，然后调用 fs_init 函数来初始化文件系统。fs_init 函数首先通过读取超级块的内容获知磁盘的基本信息，然后检查磁盘是否能够正常读写，最后调用 read_bitmap 函数检查磁盘块上的位图是否正确。执行完文件系统的初始化工作后，调用 serve 函数，文件系统服务开始运行，等待其他程序的请求。

图 6.7 以 UML 时序图的形式在宏观层面上展示了一个用户进程请求文件系统服务的过程（以 open 为例）。其中 user_env 所加载的程序不仅可以是已给出的 fstest.c，也可以是用户自己创建的、一个以 u_main 为入口函数的程序，用户可以通过这种方式对自己的文件系统服务进行测试。其中 IPC 系统调用的细节请参考实验相关内容。在图 6.7 中，左、中、右三个区域区分了三个不同的进程，也表示进程执行的代码在 MOS 操作系统被载入内存前所处的文件位置。

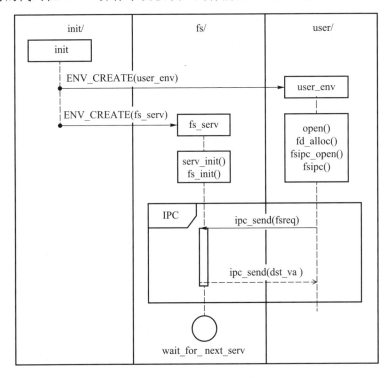

图 6.7 文件系统服务时序图

思考 6.10 请结合 UML 时序图的规范，解释图 6.7 中箭头含义，并思考操作系统是如何实现对应类型的进程间通信的。

思考 6.11 阅读 serv.c/serve 函数的代码，函数中包含了一个死循环 for（；；）{…}，为什么这段代码不会导致整个内核崩溃？

文件系统支持的请求类型定义在 user/include/fsreq.h 中，包含以下几种：

#define FSREQ_OPEN   1
#define FSREQ_MAP   2
#define FSREQ_SET_SIZE   3

```
#define FSREQ_CLOSE      4
#define FSREQ_DIRTY      5
#define FSREQ_REMOVE     6
#define FSREQ_SYNC       7
```

用户程序在发出文件系统操作请求时，将请求的内容放在对应的结构体中进行消息传递，fs_serv 进程收到其他进程的 IPC 请求后，IPC 传递的消息包含了请求的类型和其他必要的参数，根据请求的类型执行相应的文件操作（文件的增、删、改、查等），将结果重新通过 IPC 反馈给用户程序。

任务 6.10　在 user/lib/fsipc.c 文件中定义了请求文件系统时用到的 IPC 操作，在 user/lib/file.c 文件中定义了用户程序读写、创建、删除和修改文件的接口。完成 user/lib/fsipc.c 中的 fsipc_remove 函数、user/lib/file.c 中的 remove 函数，以及 fs/serv.c 中的 serve_remove 函数，实现删除指定路径文件的功能。

这里我们给出了文件系统的用户接口中部分函数可能的调用参考（见图 6.8），可进一步体会函数之间的调用关系，理解文件系统中用户接口的实现过程。

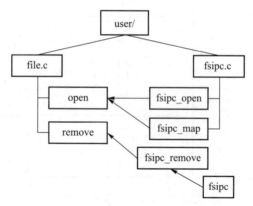

图 6.8　user/下部分函数调用关系参考

6.6　正确结果展示

使用 make run 运行。本实验有三个阶段性测试可以检验实现的文件系统的正确性。

完成任务 6.1、任务 6.2 后，在 init/init.c 中仅启动 devtst 进程，将对控制台和 IDE 磁盘交互进行测试。

```
ENV_CREATE ( user_devtst );
```

也可以使用 make test lab=5_1 直接构建。执行 make run 后，输入一个字符串 teststring 并按回车键，正确结果如下：

devtst begin
teststring
end of devtst
dev address is ok

完成任务 6.3～任务 6.7 后，仅启动文件系统服务进程，该进程在正式开始服务前，会执行 fs/check.c 中的单元测试。

ENV_CREATE（fs_serv）；

FS is running
superblock is good
read_bitmap is good

完成全部任务后，启动一个 fstest 进程和文件系统服务进程。

ENV_CREATE（user_fstest）；
ENV_CREATE（fs_serv）；

此时可以开始对文件系统进行检测，运行文件系统服务，等待应用程序的请求。注意：此时必须将文件系统进程作为第二个进程启动，其原因是在 user/lib/fsipc.c 中定义的文件系统 IPC 请求总以第二个创建的进程为目标。

FS is running
superblock is good
read_bitmap is good
serve_open 00000800 ffff000 0x2
open is good
read is good
serve_open 00000800 ffff000 0x0
open again：OK
read again：OK
file rewrite is good
serve_open 00000800 ffff000 0x0
file remove：OK

第 7 章 管道与 Shell

本章相关实验任务在 MOS 操作系统实验中简记为 Lab6。

7.1 实验目的

1. 掌握管道的原理与底层细节。
2. 实现管道的读写。
3. 复述管道竞争场景。
4. 实现基本 Shell。
5. 实现 Shell 中涉及管道的部分。

7.2 管道

在 Lab4 中，已经介绍了一种进程间通信的方式——共享内存，本章将要介绍的管道则是进程间通信的另一种方式。

7.2.1 初窥管道

通俗来讲，管道就像家里的自来水管：一端用于注入水，一端用于放出水，且水只能按一个方向流动，而不能双向流动，所以说管道是典型的单向通信。管道分有名管道和匿名管道两种，前者有自己的名称，后者没有自己的名称，只能在具有公共祖先的进程之间使用，通常用于父子进程之间。本章后续所称的管道，若无特别说明，均指匿名管道。

在 UNIX 中，管道由 pipe 函数创建，函数原型如下：

#include<unistd.h>

int pipe（int fd[2]）; // 成功返回 0，否则返回 -1

// 参数 fd 返回两个文件描述符，fd[0] 对应读端，fd[1] 对应写端

为了更好地理解管道实现的原理，首先来看一个示例，见代码 7.1。

代码 7.1　管道示例

```
#include <stdlib.h>
#include <unistd.h>

int fildes[2];
/* buf size is 100 */
char buf[100];
int status;

int main () {

    status = pipe ( fildes );

    if ( status == -1 ) {
        /* an error occurred */
        printf ( "error\n" );
    }



    switch ( fork ()) {
    case -1: /* Handle error */
        break;


    case 0: /* Child - reads from pipe */
        close ( fildes[1] );                    /* Write end is unused */
        read ( fildes[0], buf, 100 );           /* Get data from pipe */
        printf ( "child-process read: %s", buf );  /* Print the data */
        close ( fildes[0] );                    /* Finished with pipe */
```

```
            exit（EXIT_SUCCESS）;


    default：/* Parent - writes to pipe */
        close（fildes[0]）;                         /* Read end is unused */
        write（fildes[1], "Hello World! \n", 12）;  /* Write data on pipe */
        close（fildes[1]）;                         /* Child will see EOF */
        exit（EXIT_SUCCESS）;
    }
}
```

以上示例代码实现了从父进程向子进程发送消息 "Hello World!"，并且在子进程中打印到屏幕上。它演示了管道在父子进程之间通信的基本用法：父进程在 pipe 函数之后，调用 fork 函数产生一个子进程，之后在父子进程中各自执行不同的操作：关掉自己不会用到的管道端，然后进行相应的读写操作。在示例代码中，父进程操作写端，而子进程操作读端。

从本质上说，管道是一种只存在于内存的文件。在 UNIX 中，父进程调用 pipe 函数时，会打开两个新的文件描述符：一个表示只读端，另一个表示只写端，两个描述符都映射到同一片内存区域。在 fork 函数的配合下，子进程复制父进程的两个文件描述符，从而在父子进程间形成了四个指向同一片内存区域的文件描述符（两读，两写，父子各拥有一读一写），父子进程可根据需要关掉自己不用的某个文件描述符，从而实现父子进程间的单向通信管道，这也是匿名管道只能用在具有亲缘关系的进程间通信的原因。

思考 7.1　在示例代码中，父进程操作管道的写端，子进程操作管道的读端。如果现在想让父进程作为 "读者"，代码应当如何修改？

7.2.2　管道的测试

下面就来填充函数实现匿名管道的功能。思考上面的代码示例，要实现匿名管道，至少需要有两个功能：管道读取，管道写入。

要想实现管道，首先来看看本次实验将如何测试。关于管道的测试有两个，分别是 user/testpipe.c 与 user/testpiperace.c。testpipe 内容见代码 7.2。

代码 7.2   testpipe 测试

```
#include "lib.h"

char *msg =
        "Now is the time for all good men to come to the aid of their party.";

void
main ( void )
{
        char buf[100];
        int i, pid, p[2];

        if ((i = pipe (p)) < 0) {
                user_panic ("pipe: %e", i);
        }

        if ((pid = fork ()) < 0) {
                user_panic ("fork: %e", i);
        }

        if (pid == 0) {
                debugf ("[%08x] pipereadeof close %d\n",env->env_id,p[1]);
                close (p[1]);
                debugf ("[%08x] pipereadeof readn %d\n",env->env_id,p[0]);
                i = readn (p[0], buf, sizeof buf - 1);

                if (i < 0) {
                        user_panic ("read: %e", i);
                }

                buf[i] = 0;

                if (strcmp (buf, msg) == 0) {
                        debugf ("\npipe read closed properly\n");
```

```
          } else {
                  debugf ( "\ngot %d bytes: %s\n", i, buf );
          }

          exit ();
  } else {
          debugf ( "[%08x] pipereadeof close %d\n", env->env_id, p[0] );
          close ( p[0] );
          debugf ( "[%08x] pipereadeof write %d\n", env->env_id, p[1] );

          if (( i = write ( p[1], msg, strlen ( msg ))) != strlen ( msg )) {
                  user_panic ( "write: %e", i );
          }

          close ( p[1] );
  }

  wait ( pid );

  if  (( i = pipe ( p )) < 0 ) {
          user_panic ( "pipe: %e", i );
  }

  if  (( pid = fork ()) < 0 ) {
          user_panic ( "fork: %e", i );
  }

  if ( pid == 0 ) {
          close ( p[0] );

          for  ( ;; ) {
                  debugf ( "." );

                  if  ( write ( p[1], "x", 1 ) != 1 ) {
                          break;
```

```
                }
            }

            debugf ( "\npipe write closed properly\n" );
        }

        close ( p[0] );
        close ( p[1] );
        wait ( pid );

        debugf ( "pipe tests passed\n" );
}
```

可以看出，测试文件使用 pipe 的流程和示例代码是一致的。

先使用函数 pipe（int p[2]）创建管道，读端的文件控制块编号 ①为 p[0]，写端的文件控制块编号为 p[1]。之后使用 fork 创建子进程，注意这时父子进程使用自己的 p[0] 和 p[1] 访问到的内存区域是一致的。最后子进程关闭自己的 p[1]，从 p[0] 读；父进程关闭了自己的 p[0]，从 p[1] 写入管道。

在 Lab4 中，fork 遵循 COW 原则来实现，即对于所有用户态的地址空间都进行了 PTE_COW 的设置。但实际上写时复制并不完全适用，这可从 pipe 函数中的关键部分寻找到答案。

```
int
pipe ( int pfd[2] )
{
    int r, va;
    struct Fd *fd0, *fd1;

    if  (( r = fd_alloc ( &fd0 )) < 0 ||
        ( r = syscall_mem_alloc ( 0, ( u_int ) fd0, PTE_V|PTE_D|
        PTE_LIBRARY )) < 0 )
    goto err;

    if  (( r = fd_alloc ( &fd1 )) < 0 ||
```

---

① 文件控制块编号是 int 型，user/lib/fd.c 中 num2fd 函数可通过它来定位文件控制块的地址。

```
    ( r = syscall_mem_alloc ( 0, ( u_int ) fd1, PTE_V|PTE_D|
        PTE_LIBRARY ) ) < 0 )
goto err1;

va = fd2data ( fd0 );
if ( ( r = syscall_mem_alloc ( 0, va, PTE_V|PTE_D|PTE_LIBRARY ) )
    < 0 )
goto err2;
if ( ( r = syscall_mem_map ( 0, va, 0, fd2data ( fd1 ), PTE_V|PTE_D|
        PTE_LIBRARY ) ) < 0 )
goto err3;

    ...
}
```

在 pipe 中，首先分配两个文件描述符 fd0、fd1 并为其分配空间，然后给 fd0 对应的虚拟地址分配一页物理内存，再将 fd1 对应的虚拟地址映射到这一页物理内存。后面将要介绍的 Pipe 结构体也存放在这一页上，从而使这两个文件描述符能够共享一个管道的数据缓冲区。

Pipe 结构体需要存储在共享页面中，前面曾在 Lab4 填写 duppage 函数时介绍过这类页面。共享页面是具有权限位 PTE_LIBRARY 的页面，需要保持共享可写的状态，使父子进程对其进行修改的结果相互可见。当父子进程试图写共享页面时，直接在原页面上进行写操作即可。但写时复制页面不同，当父进程或者子进程试图写一个具有 PTE_COW 权限的页面时将产生页写入异常，操作系统会将该页面映射到一个新分配的物理页面上，并将原页面的内容复制过来。

任务 7.1　仔细观察 pipe 中出现的权限位 PTE_LIBRARY，根据上述提示检查 fork 系统调用，使管道缓冲区是父子进程共享的，不能设置为写时复制的模式。这里主要检查 fork.c 中的 duppage 函数。（注意，不评测本任务。）

父子进程与管道数据缓冲区的关系如图 7.1 所示。

实际上，在父子进程中各自关闭不再使用的端口后，父子进程与管道缓冲区的关系如图 7.2 所示。

下面介绍 struct Pipe 并开始着手实现操作管道端的函数。

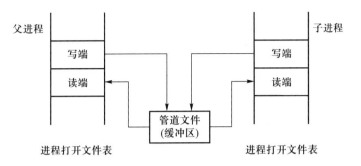

图 7.1　父子进程与管道缓冲区

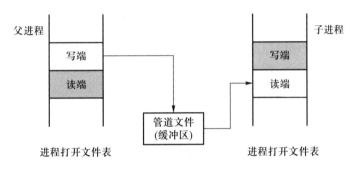

图 7.2　关闭不使用的端口后

7.2.3　管道的读写

在 user/lib/pipe.c 中找到 Pipe 结构体的定义，它的定义如下：

```
struct Pipe {
    u_int p_rpos;                    // read position
    u_int p_wpos;                    // write position
    u_char p_buf[BY2PIPE];           // data buffer
};
```

在 Pipe 结构体中，p_rpos 给出了下一个将要从管道读的数据的位置，而 p_wpos 给出了下一个将要向管道写的数据的位置。只有读者可以更新 p_rpos，同样，只有写者可以更新 p_wpos，读者和写者通过这两个变量的值进行读写的协调。

一个管道拥有 BY2PIPE（32 B）大小的缓冲区。这个 BY2PIPE 大小的缓冲区发挥的作用类似于环形缓冲区，所以下一个要读写的位置 i 实际上是 i%BY2PIPE。

读者在从管道读取数据时，要复制 p_buf[p_rpos%BY2PIPE] 中的数据，然后读指针自增 1。但是需要注意的是，管道的缓冲区此时可能还没有被写入数据。所以如果管道数据为空，即当 p_rpos >= p_wpos 时，应该将进程切换到写者运行。

类似于读者，写者在向管道写入数据时，也是将数据存入 p_buf[p_wpos%BY2PIPE]，然后写指针自增 1。需要注意，管道的缓冲区可能出现满溢的情况，所以写者必须在 p_wpos - p_rpos < BY2PIPE 时方可运行，否则会一直挂起。

上面这些还不能保证读者/写者一定能顺利完成管道操作。假设这样的场景：管道写端已经全部关闭，读者读到缓冲区有效数据的末尾，此时有 p_rpos = p_wpos。按照上面的做法，这里应当切换到写者运行。但写者进程已经结束，进程切换就造成了死循环，这时候读者进程如何知道应当退出了呢？

为了解决上面提出的问题，必须知道管道的另一端是否已经关闭。不论是读者进程还是写者进程，我们都需要对管道另一端的状态进行判断：当出现缓冲区空或满时，要根据另一端是否关闭来判断是否要返回。如果另一端已经关闭，进程返回 0 即可；如果没有关闭，则切换进程运行。

管道的关闭涉及以下几个函数：fd.c 中的 close、fd_close 以及 pipe.c 中的 pipe_close。如果管道的写端相关的所有文件描述符都已经关闭，那么管道读端将会读到文件结尾并返回 0。

那么如何知晓管道的另一端是否已经关闭了呢？

这时就要用到 static int_pipe_is_closed（struct Fd *fd, struct Pipe *p）函数。在图 7.2 中并没有明确画出文件描述符所占的页，但实际上，对于每一个匿名管道而言，都分配了三页空间：一页是读数据的文件描述符 rfd，一页是写数据的文件描述符 wfd，剩下一页是被两个文件描述符共享的管道数据缓冲区 pipe。既然管道数据缓冲区是被两个文件描述符所共享的，那么就可以很直观地得到一个结论：如果有一个读者、一个写者，那么管道将被引用两次（正如图 7.2 所示）。利用 pageref 函数能得到页的引用次数，所以有以下等式成立：

$$\text{pageref}(rfd) + \text{pageref}(wfd) = \text{pageref}(pipe)$$

注意 7.1

内核会对 pages 数组成员维护一个页引用变量 pp_ref，以记录指向该物理页的虚页数量。pageref 的实现实际上就是查询虚页 P 对应的实际物理页，然后返回其 pp_ref 变量的值。

这个等式的作用是什么呢？假设现在读者进程正在运行，而管道写者进程已经结束了，那么此时就应该有：pageref（wfd）= 0。所以就有 pageref（rfd）= pageref（pipe）。因此，只要判断这个等式是否成立就可以得知写端是否关闭。对写者来说同理。

任务 7.2 根据上述提示与代码中的注释，实现 user/pipe.c 中的 pipe_read、pipe_write、_pipe_is_closed 函数并通过 testpipe 的测试。

注意，在本实验中由于文件系统服务所在进程已经默认为 1 号进程（起始进程为 0 号进程），在测试时想启用文件系统需要注意 ENV_CREATE（fs_serv）在 init.c 中的位置。

7.2.4 管道的竞争

MOS 操作系统采用的是时间片轮转调度的进程调度算法，这已在 Lab3 中有所涉及了。这种抢占式的进程管理意味着用户进程随时可能会被打断。

当然，如果进程间是孤立的，随时打断也没有关系。但当多个进程共享同一个变量时，不同的进程执行顺序有可能产生完全不同的结果，导致运行结果的不确定性。而进程通信需要共享同一块内存（不论是管道还是共享内存），所以要特别关注进程中共享变量的读写操作。

由于管道本身的共享性质，在当前这种不加锁控制的情况下，就无法保证 _pipe_is_closed 判断管道另一端是否关闭一定能返回正确的结果。

在 _pipe_is_closed 函数中我们对 pageref（fd）与 pageref（pipe）进行了等价关系的判断。假如不考虑进程竞争，不论是在读者进程中还是在写者进程中，我们都认为：

- 对 fd 和对 pipe 的 pp_ref 的写入是同步的
- 对 fd 和对 pipe 的 pp_ref 的读取是同步的

但现在处于进程竞争、执行顺序不定的场景下，上述两种情况都会出现不同步的现象。想想看，如果在下面这种场景下，等式 pageref（rfd）+ pageref（wfd）= pageref（pipe）还是恒成立的吗？对代码 7.3，分析如下。

代码 7.3 判断等式是否成立

```
pipe（p）;
if（fork（）== 0）{
    close（p[1]）;
    read（p[0]，buf，sizeof buf）;
```

```
    }else{
        close（p[0]）;
        write（p[1]，"Hello"，5）;
    }
```

（1）假设 fork 结束后，子进程先执行。时钟中断产生在 close（p[1]）与 read 之间，父进程开始执行。

（2）父进程在 close（p[0]）过程中，已经解除了 p[0] 对 pipe 的映射（unmap），还没有来得及解除对 p[0] 的映射。假设这时时钟中断产生，进程调度后子进程接着执行。

（3）注意此时各个页的引用情况：pageref（p[0]）= 2（因为父进程还没有解除对 p[0] 的映射），而 pageref（p[1]）= 1（因为子进程已经关闭了 p[1]）。但注意，此时 pipe 的 pageref 是 2，子进程中 p[0] 引用了 pipe，同时父进程中 p[0] 刚解除对 pipe 的映射，所以在父进程中也只有 p[1] 引用了 pipe。

（4）子进程执行 read，read 中首先判断写者是否关闭。比较 pageref（pipe）与 pageref（p[0]）之后发现它们都是 2，说明写端已经关闭，于是子进程退出。

思考 7.2 上面这种不同步修改 pp_ref 而导致的进程竞争问题在 user/lib/fd.c 的 dup 函数中也存在。请结合代码模仿上述场景，分析 dup 函数中为什么会出现意料不到的情况。

在 close 中，既然问题出现在两次映射操作之间，那么，为什么不能将两次映射统一起来成为一个原子操作呢？要注意，在 MOS 操作系统中，只有以 syscall_ 开头的系统调用函数是原子操作，其他所有函数（包括 fork）都是可能会被打断的。一次系统调用只能映射一页，所以我们是不能将两次映射统一为一个原子操作的。那是不是一定要将两次映射统一为原子操作才能保证 _pipeisclosed 返回正确结果呢？

思考 7.3 为什么系统调用一定是原子操作呢？如果你觉得不是所有的系统调用都是原子操作，请给出反例。希望能结合相关代码进行分析说明。

答案当然是否定的，__pipe_is_closed 函数返回正确结果的条件其实只是：

- 写端关闭当且仅当 pageref（p[0]）== pageref（pipe）
- 读端关闭当且仅当 pageref（p[1]）== pageref（pipe）

例如，第一个条件，当写端关闭时，当然有 pageref（p[0]）== pageref（pipe）。但是由于进程切换的存在，无法确保当 pageref（p[0]）== pageref（pipe）时，写端关闭。如果不好从正面解决问题，则可以考虑从其逆否命题着手，即要确保：当写端没有关闭的时候，pageref（p[0]）≠ pageref（pipe）。

现在考虑之前那个意料不到的场景，它出现的最关键原因在于：pipe 的引用次数总比 fd 要高。当管道的 close 进行到一半时，若先解除 pipe 的映射，再解除 fd 的映射，就会使 pipe 引用次数的 −1 操作先于 fd。这将导致在两个解除映射操作的间隙，出现 pageref（pipe）== pageref（fd）的情况。那么若调换 fd 和 pipe 在 close 中的解除映射操作顺序，能否解决这个问题呢？

思考 7.4 思考下列问题。

（1）按照上述说法控制 pipe_close 中 fd 和 pipe 解除映射操作的顺序，是否可以解决上述场景的进程竞争问题？给出你的分析过程。

（2）前面只分析了 close 时的情形，在 fd.c 中有一个 dup 函数，用于复制文件内容。试想，如果要复制的是一个管道，那么是否会出现与 close 类似的问题？请模仿上述材料给出你的理解。

根据上面的描述能够得出一个结论：控制 fd 与 pipe 的映射/解除映射的操作顺序可以解决上述场景中出现的进程竞争问题。

任务 7.3 修改 user/lib/pipe.c 中 pipe_close 函数中的解除映射操作顺序与 user/lib/fd.c 中 dup 函数中的映射操作顺序以避免上述场景中的进程竞争问题。

7.2.5 管道的同步

通过控制修改 pp_ref 的前后顺序避免了"写数据"导致的错觉，但是还需要解决第二个问题：读取 pp_ref 的同步问题。

考虑代码 7.3，思考下面的场景。

（1）假设 fork 结束后，子进程先执行。执行完 close（p[1]）后，执行 read，要从 p[0] 读取数据。但由于此时管道数据缓冲区为空，所以 read 函数要判断父进程中的写端是否关闭。进入 _pipe_is_closed 函数，pageref（fd）值为 2（父进程和子进程都打开了 p[0]），时钟中断产生。

（2）内核切换到父进程执行，执行 close（p[0]），之后向管道缓冲区写数据。要写的数据较多，假设写到一半时产生了时钟中断，进程调度后切换到子进程运行。

（3）子进程继续运行，获取 pageref（pipe）值为 2（父进程打开了 p[1]，子进程打开了 p[0]），引用值相等，于是认为父进程的写端已经关闭，子进程退出。

上述现象的根源是什么？fd 是一个父子进程共享的变量，但子进程中的 pageref（fd）没有随父进程对 fd 的修改而同步，这就造成子进程读到的 pageref（fd）成为"脏数据"。为了保证读的同步性，子进程应当重新读取 pageref（fd）和 pageref（pipe），并且要在确认两次读取之间进程没有切换，才能返回正确的结果。为了实现这一点，要用到之前一直都没用到的变量：env_runs。

209

env_runs 记录了一个进程被内核调度执行的次数，用户程序根据一组操作前后的 env_runs 值是否相等，来判断在操作过程中是否发生了进程切换。

任务 7.4　根据上面的表述，检查 __pipe_is_closed 函数是否满足"同步读"的要求。（注意，本任务不评测。）

7.2.6　相关函数

下面介绍几个与管道相关的函数。

1. 创建管道函数

int pipe（int pfd[2]）：位于 user/lib/pipe.c 中，这个函数的作用是创建一个管道，其实现大致可以分为以下三步。

（1）创建并分配两个文件描述符 fd0、fd1，并为这两个文件描述符自身分配相应的空间。

（2）给 fd0 对应的数据区域分配一页空间，并将 fd1 对应的数据区域映射到相同的物理页，这一页的内容为 Pipe 结构体。

（3）将作为读端的 fd0 的权限设置为只读，作为写端的 fd1 的权限设置为只写，并通过函数的传入参数将这两个文件描述符的编号返回。

值得注意的是，目前一共分配了三个页面，权限位均需要包含 PTE_LIBRARY，这是因为这些页面的数据对于父子进程是共享的，修改页面内容时不必触发写时复制，这样才能顺利地在父子进程之间传递信息。

2. 两个查询管道是否关闭的函数

static int __pipe_is_closed（struct Fd *fd, struct Pipe *p）与 int pipeis-closed（int fdnum）：位于 user/pipe.c 中。这两个函数的作用是判断管道是否已经被关闭，其中，函数的主要逻辑存在于 __pipe_is_closed 中，pipe_is_closed 是对 __pipe_is_closed 的重新封装。

创建管道时，通过分配的页面以及映射关系可知，文件描述符所在页面 rfd、wfd 被读端/写端各自映射一次，管道页面 pipe 被读端/写端同时映射，被映射两次，因此有如下等式：

$$pageref（rfd）+ pageref（wfd）= pageref（pipe）$$

当管道某一端被关闭后，这一端映射的页面将被解除映射，假设当前调用此函数的进程为读进程，写端关闭，则 pageref（wfd）=0，当前进程为写进程时亦类似，因此，当管道另一端关闭时，以下等式成立：

$$pageref（fd）= pageref（pipe）$$

需要注意的是，在 _pipeisclosed 中，我们需要利用两次 pageref 函数分别获取 fd 和 pipe 对应页面的引用数，由于这两次操作不是原子的，二者之间可能被时间片调度打断，导致 pageref（fd）和 pageref（pipe）非同步获取，先获取的数据失效。为了解决这个问题，需要确保两次获取 pageref 时进程没有切换，也就是要保证两次获取 pageref 前后的 env->env_run 变量没有变化，再根据等式来判断管道另一端是否关闭。若等式成立，则说明管道另一端已经关闭，返回 1，否则返回 0。

3. 读管道函数

static int piperead（struct Fd *fd，void *vbuf，u_int n，u_int offset）：位于 user/lib/pipe.c 中，其作用是从 fd 对应的管道数据缓冲区中，读取至多 n 字节到 vbuf 对应的虚拟地址中。

读取过程中可能会遇到以下两种情况。

（1）缓冲区不为空：按顺序读取缓冲区中的内容，直到缓冲区为空或达到读取上限。若达到读取上限，则直接返回，返回值为已读到字节数。

（2）缓冲区为空：使用 _pipe_is_closed 函数查询管道的写端是否已经关闭，若已经关闭，则说明读入完成，函数返回。若没有关闭，说明有待写内容，读入尚未完成，但已无可读内容，则使用 syscall_yield 切换进程避免死锁。

4. 写管道函数

static int pipewrite（struct Fd *fd，const void *vbuf，u_int n，u_int offset）：位于 user/lib/pipe.c 中。与读管道函数类似，这个函数的作用是从 vbuf 对应的虚拟地址，向 fd 对应的管道数据缓冲区中，写入至多 n 字节。

与读取类似，写入的过程中会遇到两类可能的情况。

（1）缓冲区不满：按顺序向缓冲区中写入内容，直到缓冲区满或达到写入上限。若达到写入上限，则直接返回，返回值为已写入字节数。

（2）缓冲区已满：使用 _pipe_is_closed 函数查询管道的读端是否已经关闭，若已经关闭，则说明无法再写，函数返回。若读端没有关闭，则使用 syscall_yield 切换进程，等待读端腾出缓冲区空间。

5. 关闭管道函数

static int pipeclose（struct Fd *fd）：位于 user/lib/pipe.c 中，其作用是关闭管道的一端。将待关闭一端对应的文件描述符传入，并对文件描述符自身的页面以及文件描述符对应的数据页面——Pipe 结构体解除映射，完成关闭操作。

7.3　Shell

在计算机科学中，Shell 俗称壳（用来区别于核），是指"为使用者提供操作界面"的软件（命令解析器）。它接收用户命令，调用相应的应用程序。Shell 可分为以下两大类。

一是图形用户界面（GUI）。例如，应用最为广泛的是微软 Windows 系列操作系统的 IE 浏览器，也包括广为人知的 Linux 操作系统的 XWindow（BlackBox 和 FluxBox），以及功能更强大的 CDE、GNOME、KDEt 和 XFCE 等。

二是命令行界面（CLI），也就是 MOS 操作系统最后即将实现的 Shell 模式。

常见的 Shell 命令在 Lab0 已经介绍过了，这里不再赘述。接下来就来一步一步实现 Shell。

7.3.1　完善 spawn 函数

spawn 函数的作用是调用文件系统中的可执行文件并执行。spawn 的流程可以分解如下：

（1）从文件系统打开对应的文件（二进制 ELF，在 MOS 里是 *.b）；

（2）申请新的进程控制块；

（3）将目标程序加载到子进程的地址空间中，并为它们分配物理页面；

（4）为子进程初始化堆、栈空间，并设置栈顶指针，以及重定向、管道的文件描述符，对于栈空间，因为调用可能是有参数的，所以要将参数也安排到用户栈中；

（5）设置子进程的寄存器（栈寄存器 sp 设置为 esp，程序入口地址 pc 设置为 UTEXT）；

（6）将父进程的共享页面映射到子进程的地址空间中；

（7）设置子进程可执行。

在实现 spawn 函数前，我们回顾前面实验并思考以下三个问题。

（1）回顾 Lab5 文件系统相关代码，理清打开文件的过程。

（2）回顾 Lab1 与 Lab3，思考如何读取并加载 ELF 文件，以及如何知道二进制文件中 text 段的位置。

（3）在 Lab1 中介绍了 data、text、bss 段及它们的含义，data 段存放初始化过的全局变量，bss 段存放未初始化的全局变量；理解 memsize 和 filesize 的含义与特点；关注"bss 段并不在文件中占数据"表述的含义。回顾 Lab3 并思考 elf_load_seg 和 load_icode_mapper 函数在加载 ELF 文件时，bss 段数据是如何被正确加载到虚拟内存空间的。

对于上述问题，下面给出一些提示，以便读者更好地把握加载内核进程和加载用户进程的区别与联系，类比完成 spawn 函数。

关于第一个问题，在 Lab3 中创建进程，并且通过 ENV_CREATE 在内核态加载了初始进程，而 spawn 函数则是通过和文件系统交互，取得文件描述块，进而找到 ELF 在"硬盘"中的位置，实现读取。

关于第二个问题，在 Lab3 中填写了 load_icode 函数，实现了 ELF 中读取数据并写入内存空间。而 text 段的位置，可以使用命令 readelf -S 查找，可获得 ELF 文件中各节的详细信息。

Lab6 的 Shell 部分提供了几个可执行二进制文件，模拟 Linux 的 ls、cat 等命令。可以使用 readelf -S 命令解析 ls.b、cat.b 文件，查看 text 段位置。一种可行的操作流程如下。

（1）打开 user/Makefile，把 clean：下的 rm -rf *~ *.o *.b.c *.x *.b 修改为 rm -rf *~ *.o *.b.c *.x。

（2）执行 make clean && make 命令。

（3）执行 readelf -S user/*.b 命令，查看 text 段地址 Addr 为 00400000。

思考 7.5 为什么 *.b 的 text 段偏移值都是一样的，它是固定值吗？

（1）从 *.b 的编译链接角度，打开 user/Makefile 后，查看用户态下目标文件%.o 链接为可执行文件%.b 时使用的链接脚本。

（2）从 *.b 的执行角度，思考程序入口地址 pc 设置为 UTEXT 的好处。

关于第三个问题，在 Lab3 中实现的 load_icode_mapper 函数，在内核态下为 ELF 数据分配内存空间。相应地，在 Lab6 中 spawn 函数也需要在用户态下使用系统调用为 ELF 数据分配空间。

思考 7.6 bss 段在 ELF 中并不占空间，但 ELF 加载到内存后，bss 段的数据占用了空间，并且初值都是 0。请回顾 elf_load_seg 和 load_icode_mapper 的实现，思考这一点是如何实现的。

接下来，通过一个实例（见代码 7.4），探讨 bss 段在虚拟内存和磁盘 ELF 文件中是否占用空间这一问题。

代码 7.4 testbss 测试

```
#include "lib.h"
#define ARRAYSIZE (1024*10)
int bigarray[ARRAYSIZE];
```

```
        void
        main(int argc, char **argv)
        {
            int i;

            debugf("Making sure bss works right...\n");
            for(i = 0;i < ARRAYSIZE; i++)
                if(bigarray[i]!=0)
                    user_panic("bigarray[%d] isn't cleared!\n",i);
            for (i = 0; i < ARRAYSIZE; i++)
                bigarray[i] = i;
            for (i = 0; i < ARRAYSIZE; i++)
                if (bigarray[i] != i)
                    user_panic("bigarray[%d] didn't hold its value!\n", i);
            debugf("Yes, good. Now doing a wild write off the end...\n");
            bigarray[ARRAYSIZE+1024] = 0;
            user_panic("SHOULD HAVE TRAPPED!!!");
        }
```

可以参考 Lab4 中 pingpong 和 fktest 的编译与加载流程，完成 testbss 的测试：创建 user/bss.c，并在 user/Makefile 中添加相应信息，使其生成相应的 user/bss.b 文件，在 init/init.c 中创建相应的初始进程，观察相应的效果。如果能正确运行，则说明 Lab3 完成的 load_icode 系列函数正确地完成了在内核态中加载 ELF 时 bss 段的初始化。下面给出一个操作流程示例。

（1）执行 vim user/testbss.c，复制上述 tessbss.c 的内容。

（2）执行 vim user/Makefile。

① 将 testbss.c 加入 *.b 的构建中：在 all: 后加入 testbss.x testbss.b。

② 保留 testbss.b 可执行文件用于命令解析：把 clean: 下的 rm -rf *~ *.o *.b.c *.x *.b 修改为 rm -rf *~ *.o *.b.c *.x。

（3）执行 vim init/init.c，仅创建 testbss 进程 ENV_CREATE（user_testpipe）。注释掉其他进程的创建，避免其他进程的输出干扰。

（4）执行 make && make run 命令，观察输出信息。

正确的输出信息如下。

Making sure bss works right...

Yes，good. Now doing a wild write off the end...

panic at testbss.c：20：SHOULD HAVE TRAPPED!!!

验证了 bss 段被 load_icode 系列函数正确初始化后，可以对 user/testbss.c 的全局数组 bigarray 做以下不同的初始化处理，分别使用 make clean && make 对 bss.b 进行命令解析。

（1）执行 size user/testbss.b 命令，size 命令的前四列结果默认为十进制显示，分别代表 text 段、data 段、bss 段以及各段之和的大小，展示虚拟内存空间的分配信息。比较 data 段与 bss 段大小，思考原因。

（2）执行 ls -l user/testbss.b 命令，查看二进制文件的详细信息，找到结果中第五列的数字，它表示文件在磁盘中占据的大小，分析、比较结果并思考原因。

显示以下信息表示执行正确。

（1）testbss.c 第三行为 int bigarray[ARRAYSIZE]，即不对全局变量初始化时，显示信息如下。

text	data	bss	dec	hex	filename
14280	13851	40964	69095	10de7	user/testbss.b

-rwxrwxr-x 1 git git 41761 MMM dd HH：mm user/testbss.b

（2）testbss.c 第三行为 int bigarray[ARRAYSIZE]={0}，即全局变量初始化为 0 时，显示信息如下。

text	data	bss	dec	hex	filename
14280	13851	40964	69095	10de7	user/testbss.b

-rwxrwxr-x 1 git git 41761 MMM dd HH：mm user/testbss.b

（3）testbss.c 第三行为 int bigarray[ARRAYSIZE]={1}，即对全局变量做初始化时，显示信息如下。

text	data	bss	dec	hex	filename
14280	54811	4	69095	10de7	user/testbss.b

-rwxrwxr-x 1 git git 82721 MMM dd HH：mm user/testbss.b

观察比对结果，可以得出以下三点结论。

（1）当第三次全局变量初始化时，相较于第一次不初始化的结果，data 段增加了 40 960 B，bss 段减少了 40 960 B。bigarray 数组的大小为 10 240 个 int，也就是 10 240×4 B=40 960 B。说明在虚拟内存布局中，初始化的全局变量保存在 data 段，未初始化的全局变量保存在 bss 段。

（2）当第二次全局变量初始化为 0 时，与第一次不初始化的结果完全一致。说明对于未初始化和初始化为 0 的全局变量，二者在用户空间地址中的数据分配的存放位置相同，均在 bss 段。

（3）第三次初始化全局变量时，ELF 文件在磁盘的大小为 82 721 B。而全局变量保存在 bss 段时，ELF 文件在磁盘的大小为 41 761 B。82 721 B−41 761 B=40 960 B，说明 bss 段不在磁盘上占用空间。

bss（block started symbol）意为"以符号开始的块"，该段存放全局未初始化/初始化为 0、静态未初始化/初始化为 0 的变量，只是简单维护地址空间中开始和结束的地址，在实际运行时对内存区域有效地址清零即可。

第三次初始化全局变量时，testbss.c 中似乎没有未初始化的全局变量，bss 段的 4 B 中存放的什么变量呢？

使用 objdump -t user/testbss.b | grep .bss 命令反汇编查看变量名及其位置，将反汇编的结果经过管道，筛选显示包含".bss"的内容。

可以找到位于.bss 段的一条结果：00412000 g O .bss 00000004 env。

env 变量并不在 testbss.c 中定义。打开 user/Makefile，查看 testbss.b 的依赖文件，entry.o 由 user/lib/entry.S 编译而来。user/lib/entry.S 的 _start 跳转到 libmain 函数。libmain 函数位于 user/lib/libos.c 中，它对未初始化的 env 变量赋值后跳转到 main 函数，也就是在 user 目录下编写的测试文件的主函数。env 变量定义在 user/lib/libos.c 中。

关于如何为子进程初始化栈空间，请仔细阅读 init_stack 函数。

因为无法直接操作子进程的栈空间，所以该函数首先将需要准备的参数填充到本进程的 TMPPAGE 这个页面处，然后将 TMPPAGE 映射到子进程的栈空间中。

首先将 argc 个字符串填到栈上，并且不要忘记在每个字符串的末尾要加上"\0"表示结束，然后将 argc+1 个指针填到栈中，第 argc+1 个指针指的是一个空字符串，表示参数的结束。

最后将 argc 和 argv 填到栈中，argv 将指向第 argc+1 个字符指针。

spawn 栈空间的示意图如图 7.3 所示。

任务 7.5　根据以上描述以及注释，补充完成 user/lib/spawn.c 中的 int spawn（char *prog，char **argv）。

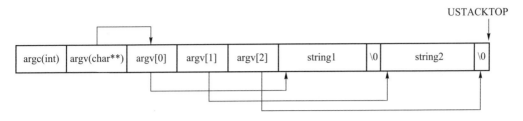

图 7.3　子进程栈空间示意图

7.3.2　解释 Shell 命令

在 Lab5 中实现了文件系统，Lab6 的 Shell 部分提供了几个可执行二进制文件，模拟 Linux 的 ls.b、cat.b 命令等。上面提到的 spawn 函数实现方法，是打开相应的文件并执行。

将生成的 testbss.b 加载到 fs.img 中的操作流程如下。

（1）执行 vim user/Makefile，将 testbss.c 加入 *.b 的构建目标。在 all: 后加入 testbss.b。

（2）执行 vim fs/Makefile，将 testbss.b 加入 fsformat.c 编译成 fs.img 时的依赖文件 FSIMGFILES。在 USERAPPS: 后加入新的一行内容 $（user_dir）touch.b\，注意结尾的 \ 符号表示当前不换行。请注意合理增删 \ 符号，以使 USERAPPS: 后的 *.b 均在同一行。

（3）执行 make clean && make 命令。此时 testbss.b 已经写入磁盘映像。之后可以在 Shell 中输入 testbss.b 执行此程序。

接下来，需要在 Shell 进程里实现对管道和重定向的解释功能。

（1）如果碰到重定向符号 "<" 或者 ">"，则读下一个单词，打开这个单词所代表的文件，然后将其复制给标准输入或者标准输出。

（2）如果碰到管道符号 "|"，则需要先建立管道，然后执行 fork。

① 对于父进程，需要将管道的写者复制给标准输出，然后关闭父进程的读者和写者，运行 "|" 左边的命令，获得输出，然后等待子进程运行。

② 对于子进程，将管道的读者复制给标准输入，从管道中读取数据，然后关闭子进程的读者和写者，继续读下一个单词。

在这里可以举一个使用管道符号的例子来方便读者理解，即 Linux 中的 ps 指令，它是最基本的查看进程的命令，而直接使用 ps 会看到所有的进程，为了更方便地追踪某个进程，通常使用 ps aux|grep xxx 这条指令，这就是使用管道的例子，ps aux 命令会将所有的进程按格式输出，而 grep xxx 命令作为子进程执行，所有进程作为它的输入，筛选出含有 xxx 字符串的进程并输出到屏幕上。

任务 7.6　根据以上描述,补充完成 user/sh.c 中的 void parsecmd(char **argv, int * rightpipe)。

在 spawn 函数中,通过设置 PTE_LIBRARY 权限位,将父进程所有的共享页面映射给了子进程。

那么,进程空间中哪些内存是共享内存呢? 在进程空间中,文件、管道、控制台以及文件描述符都是以共享页面方式存在的。有几处通过 spawn 产生新进程的位置。

如图 7.4 所示,测试进程从 user/icode 开始执行,其中调用了 spawn(init.b),在完成了 spawn 后,创建了 init.b 进程。init.b 进程先申请 console(控制台)作为标准输入输出,然后调用 spawn(sh.b),创建 sh.b 进程,也就是 Shell。这个 console 通过共享页面映射给 Shell 进程,使 Shell 进程可以通过控制台与用户交互。

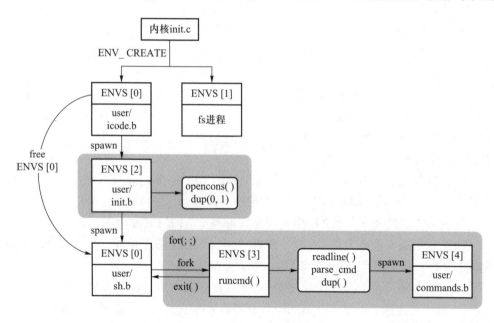

图 7.4　Shell 启动执行过程

思考 7.7　通过阅读代码空白段的注释可知,将文件复制给标准输入或输出,需要调用 dup 函数为其分配 0 或 1 号文件描述符(fd)。那么,0 和 1 被“安排”为标准输入和标准输出是在哪一步实现的呢? 请分析代码执行流程,给出答案。

子 Shell 进程负责解析命令行命令,并通过 spawn 生成可执行程序进程(对应 *.b 文件)。在解析命令行的命令时,子 Shell 会将重定向的文件及管道等通过调用 dup 复制到子 Shell 的标准输入或输出,然后调用 spawn 时将标准输入和输出通过共享内存映射给可执行程序,所以可执行程序可以从控制台、文件和管道等位置输入和输出数据。

思考 7.8 在 Shell 中执行的命令分为内置命令和外部命令。在执行内置命令时 Shell 不需要调用 fork 产生一个子 Shell,如 Linux 系统中的 cd 命令。在执行外部命令时 Shell 需要调用 fork 产生一个子 Shell,然后子 Shell 去执行这条命令。

据此判断,在 MOS 中用到的 Shell 命令是内置命令还是外部命令?请思考为什么 Linux 的 cd 命令是内部命令而不是外部命令。

思考 7.9 在 Shell 中输入命令 ls.b | cat.b > motd。

- 可以观察到几次 spawn 函数?分别对应哪个进程?
- 可以观察到几次进程销毁?分别对应哪个进程?

7.3.3 相关函数

下面介绍几个与 Shell 相关的函数。

1. 初始化栈空间函数

int init_stack (u_int child,char **argv,u_int *init_esp):位于 user/lib/spawn.c 中。这个函数的作用是初始化子进程的栈空间,实现向子进程的主函数传递参数的目的。由于父进程无法直接操作子进程的栈空间,因此需要将参数填充到当前进程的 TMPPAGE 页面处,将 TMPPAGE 映射到子进程的栈空间中。具体参数填充方式可以参考图 7.3。

2. spawn 函数

int spawn (char *prog, char **argv): 位于 user/lib/spawn.c 中。这个函数与 fork 函数类似,其最终效果都是产生一个子进程,不过与 fork 函数不同的是,spawn 函数产生的子进程不再执行与父进程相同的程序,而是装载新的 ELF 文件,执行新的程序。

spawn 函数的大致流程如下:

(1)使用文件系统提供的 open 函数打开即将装载的 ELF 文件 prog;

(2)使用系统调用 syscall_exofork 函数为子进程申请一个进程控制块;

(3)使用 init_stack 函数为子进程初始化栈空间,将需要传递的参数 argv 传入子进程;

(4)使用 elf_load_seg 将 ELF 文件的各个段加载到子进程中;

(5)设置子进程的运行现场寄存器,将 tf->pc 设置为程序入口点UTEXT,tf->regs[29] 设置为装载参数后的栈顶指针 esp,从而使子进程被唤醒时能从正确的位置开始运行;

（6）将父进程的共享页面映射给子进程，与 fork 不同的是，这里只映射共享页面；

（7）使用系统调用 syscall_set_env_status 唤醒子进程。

其中，第 1 步、第 3 步和第 4 步是相比 fork 函数新增的部分，第 5 步和第 6 步与 fork 略有不同，第 2 步和第 7 步与 fork 中的步骤几乎一致。

3. sh.c 中的主函数

void main（int argc, char **argv）：位于 user/sh.c 中。与 pipe.c 这样的用户库不同，sh.c 是一个完整的用户程序，也就是 Shell，其主函数即为启动 Shell 时第一步进入的函数。函数的主体是一个死循环，循环中大致流程如下：

（1）调用 readline 读入用户输入的命令；

（2）调用 fork 产生一个子进程；

（3）子进程执行用户的命令，执行结束后子进程结束，父进程在此等待子进程；

（4）父进程等待子进程结束后，返回循环开始，读入用户的下一个命令。

4. 命令读入函数

void readline（char *buf, u_int n）：位于 user/sh.c 中。这个函数的作用是从标准输入（控制台）读入用户输入的一行命令，保存在 char* buf 中。

5. 命令解析函数

int _gettoken（char *s, char **p1, char **p2）和 int gettoken（char *s, char **p1）：位于 user/sh.c 中。这两个函数的作用是将命令字符串分割，提取命令中基本单元——特殊符号或单词，并过滤空白字符。其中，gettoken 是对于 _gettoken 的封装，调用 gettoken 时，调用返回上一次调用解析生成的基本单元，并解析下一个基本单元。

特殊符号包括重定向符号 < 和 >、管道符号 |、命令分隔符号；和 &。

6. cmd 命令解析与执行函数

void parsecmd（char**argv, int *rightpipe）：位于 user/sh.c 中，该函数解析用户输入的命令。

void runcmd（char *s）：位于 user/sh.c 中。这个函数的作用是执行解析后的命令。这个函数分为以下两部分。

（1）通过调用 gettoken 和 parsecmd，将命令解析成单个词法单元，保存在 argv 中，并在遇到特殊符号时做相应的特殊处理。当解析完一条命令包含的所有词法单元后，跳转到执行阶段。特别地，当命令中包含管道操作时，需要创建管道并执行 fork 以创建一个子 Shell。

（2）通过 argv 判断命令的种类，调用 spawn 产生子进程并装载命令对应的

ELF 文件，子进程执行命令，父进程在此处等待子进程结束后，结束进程。随后，在 main 循环结尾处等待的进程，也就是此处父进程的父进程，结束等待，返回循环开始处，读入一行新命令。具体进程间的层次关系可以参照图 7.5。

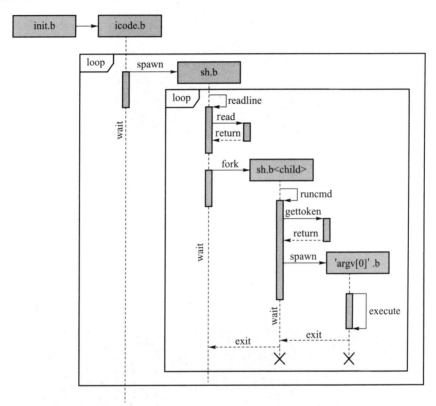

图 7.5　Shell 相关函数调用关系

7.4　实验正确结果

本节将通过一些测试用例评测管道和 Shell 的正确性。

7.4.1　管道测试

管道测试有三个文件，分别是 user/testpipe.c、user/testpiperace.c 和 user/teste-library.c，以合适的次序建好进程后，在 testpipe 测试中若出现两次 pipe tests passed 即说明测试通过。

testpipe 本地测试部分运行结果如图 7.6 所示。

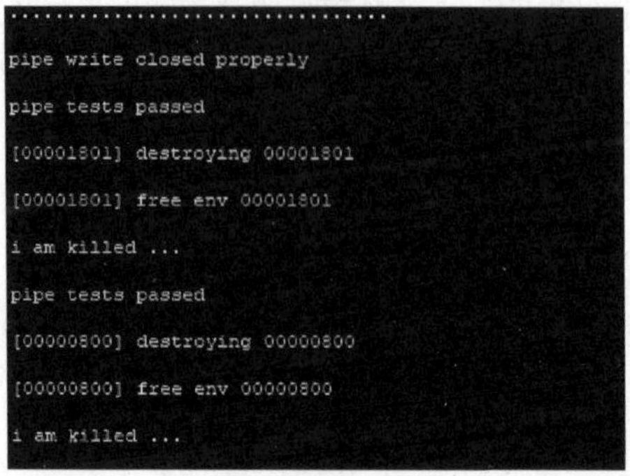

图 7.6　管道测试 1

在 testpiperace 测试中只有出现 race didn't happen 才是正确的。

在 testpiperace 中，子进程多次查询管道是否关闭。而父进程不停地执行 dup 函数，dup 操作主要包含两个操作，分别是关闭管道（close）和将旧文件映射到新的文件描述符。如果这两个操作中有任意一个操作产生竞争，将可能导致子进程认为写入端关闭。

testpiperace 本地测试部分运行结果如图 7.7 所示。

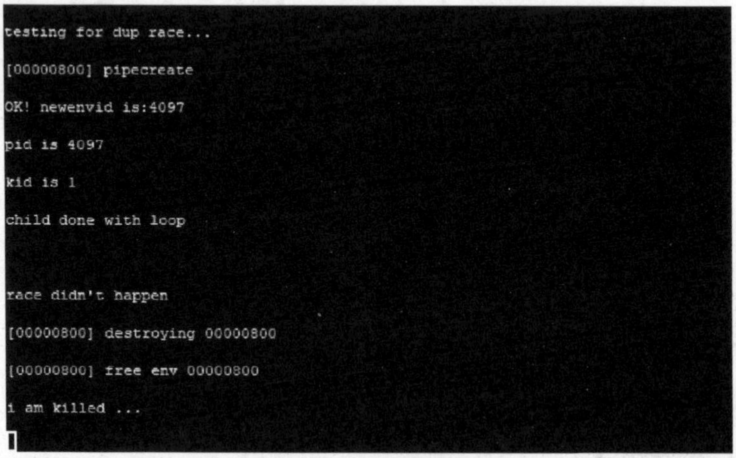

图 7.7　管道测试 2

在 user/testptelibrary.c 的测试中，如果 fork 和 spawn 对于共享页面的处理正确，则通过测试。

7.4.2　Shell 测试

在 init/init.c 中按照如下顺序依次启动 Shell 和文件服务：

ENV_CREATE（user_icode）；
ENV_CREATE（fs_serv）；

图 7.8 给出了测试正确时显示的信息。

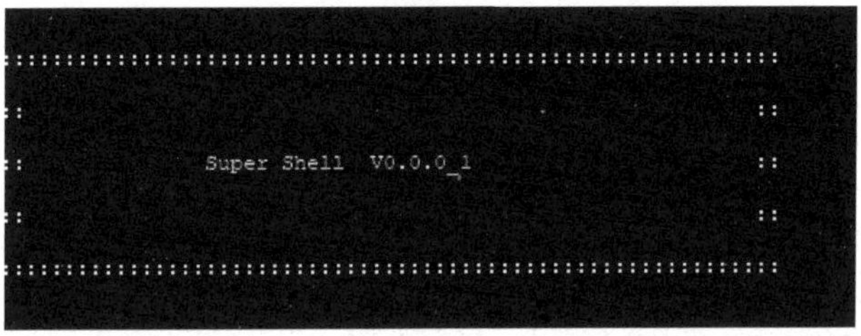

图 7.8　Shell 展示界面

注意 7.2

对 Shell 部分进行评测时最好注释掉 debugf（"::: ⋯supershell⋯"）部分内容。

使用不同的命令会有不同的效果。

（1）输入 ls.b，会显示一些文件和目录（如图 7.9 所示）。

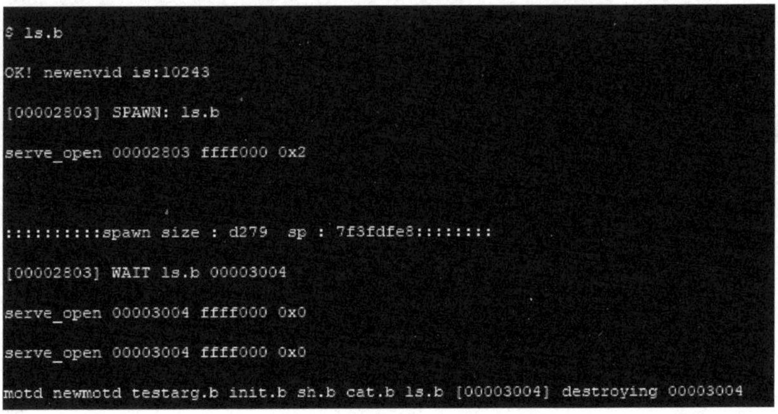

图 7.9　ls 结果

（2）输入 cat.b，会有回显现象出现（如图 7.10 所示）。

```
$ cat.b testcat
OK! newenvid is:14339
[00003803] SPAWN: cat.b testcat
```

图 7.10　cat 结果

（3）输入 ls.b | cat.b 和 ls.b，结果应当一致（如图 7.11 所示）。

```
$ ls.b | cat.b
OK! newenvid is:10243
[00002803] pipecreate
OK! newenvid is:12292
[00002803] SPAWN: ls.b
[00003004] SPAWN: cat.b
serve_open 00002803 ffff000 0x2

::::::::::spawn size : d279  sp : 7f3fdfe8::::::::
serve_open 00003004 ffff000 0x2
[00002803] WAIT ls.b 00003805

::::::::::spawn size : c1a6  sp : 7f3fdfe8::::::::
serve_open 00003805 ffff000 0x0
[00003004] WAIT cat.b 00004006
serve_open 00003805 ffff000 0x0
motd newmotd testarg.b init.b sh.b cat.b ls.b [00003805] destroying 00003805
```

图 7.11　lscat 结果

附录 补充知识

在本附录中，将介绍一些操作系统实验的补充知识，有助于理解并实现操作系统。

下面是需要完成的 printk 函数的具体说明，可以参考 cppreference 中有关 C 语言 printf 函数的文档或者 C++ 文档，对相关函数进行更加详细的了解。

函数原型如下：

void printk(const char* fmt, ⋯)

参数 fmt 与 printf 中的格式字符串类似，除了可以包含一般字符外，还可以包含格式符 (format specifiers)，但略去并新添加了一些功能，格式符的原型为：

%[flag][width][.precision][length]specifier

其中，specifier 指定了输出变量的类型，参见附表 1。

附表 1 specifier 说明

specifier	输出	例子
b	无符号二进制数	110
d, D	十进制数	920
o, O	无符号八进制数	777
u, U	无符号十进制数	920
x	无符号十六进制数，字母小写	1ab
X	无符号十六进制数，字母大写	1AB
c	字符	a
s	字符串	sample

除了 specifier 之外，格式符也可以包含一些其他可选的副格式符（sub-specifier），其中，flag 为-表示在给定的宽度（width）上左对齐输出，默认为右对齐；flag 为 0 表示当输出宽度和指定宽度不同的时候，在空白位置填充 0。width 指定了要打印

数字的最小宽度，若这个值大于要输出数字的宽度，则对多出的部分填充空格，但若这个值小于要输出数字的宽度则不会对数字进行截断。precision 指定了精度，不同标识符有不同的意义，但在 MOS 实验中这个值只进行计算而没有具体意义，所以不赘述。

另外，还可以使用 length 来修改数据类型的长度，在 C 中可以使用 l、ll、h 等，但这里只使用 l，表示的类型为 long int 或 unsigned long int。

参考文献

[1] 张玉宏，张玉，程红霞. 操作系统课程设计的实践教学尝试 [J]. 计算机教育，2015(14)：4.

[2] 叶保留，费翔林，骆斌，等. 南京大学操作系统原理与实践国家精品课程建设 [J]. 计算机教育，2014(7)：5.

[3] 王雷，高超，沃天宇. 面向实验过程的操作系统实验集成环境 [J]. 计算机教育，2016(5)：4.

[4] LEI W，CHAO G，WO T，et al. Analysis of students' behavior in the process of operating system experiments[C]// Frontiers in Education Conference. IEEE，2016.

[5] DENNING P J . Fifty Years of Operating Systems[J]. Communications of the ACM，2016，59(3)：30-32.

[6] TANENBAUM A S，WOODHULL A S. Operating Systems：Design and Implementation[M]. 3rd ed. [S. l.]：Pearson，2006.

[7] WANG L，ZHEN Z，WO T，et al. A Scalable Operating System Experiment Platform Supporting Learning Behavior Analysis[J]. IEEE Transactions on Education，2020，63(3)：232-239.

[8] HOLLAND D A，LIM A T，SELTZER M I. A new instructional operating system[C]// ACM. ACM，2002：111.

[9] KERNIGHAN B W，RITCHIE D M. The C Programming Language[M]. 2nd ed. [S. l.]：Pearson，1998.

[10] CHACON S，STRAUB B. Pro Git[M]. 2nd ed. [S. l.]：Apress，2014.